ものと人間の文化史

138

麹《こうじ》

一島英治

法政大学出版局

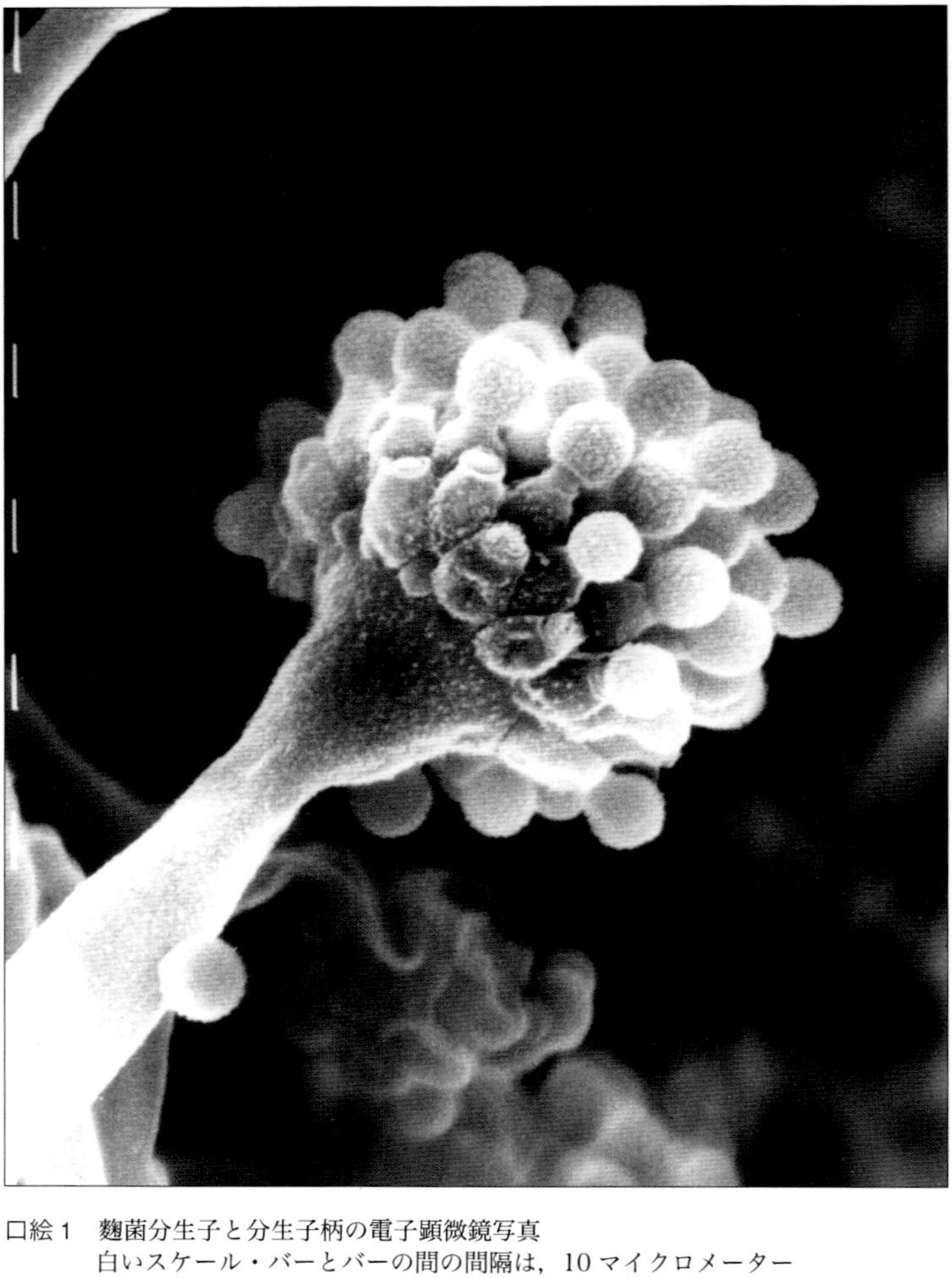

口絵1　麹菌分生子と分生子柄の電子顕微鏡写真
白いスケール・バーとバーの間の間隔は，10マイクロメーター
(林和也博士提供)

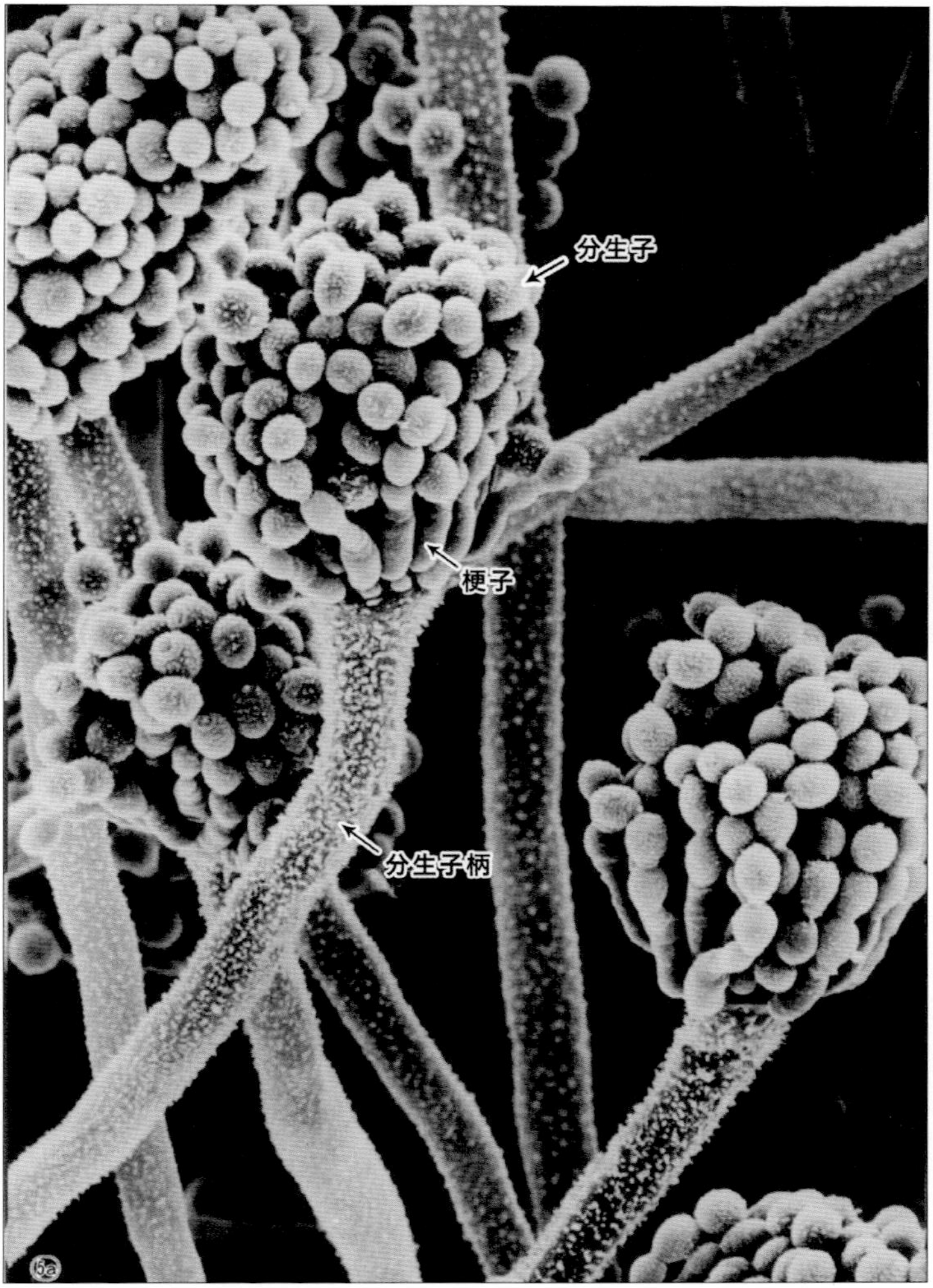

口絵 2　麹菌の電子顕微鏡写真
（大隈正子博士提供）

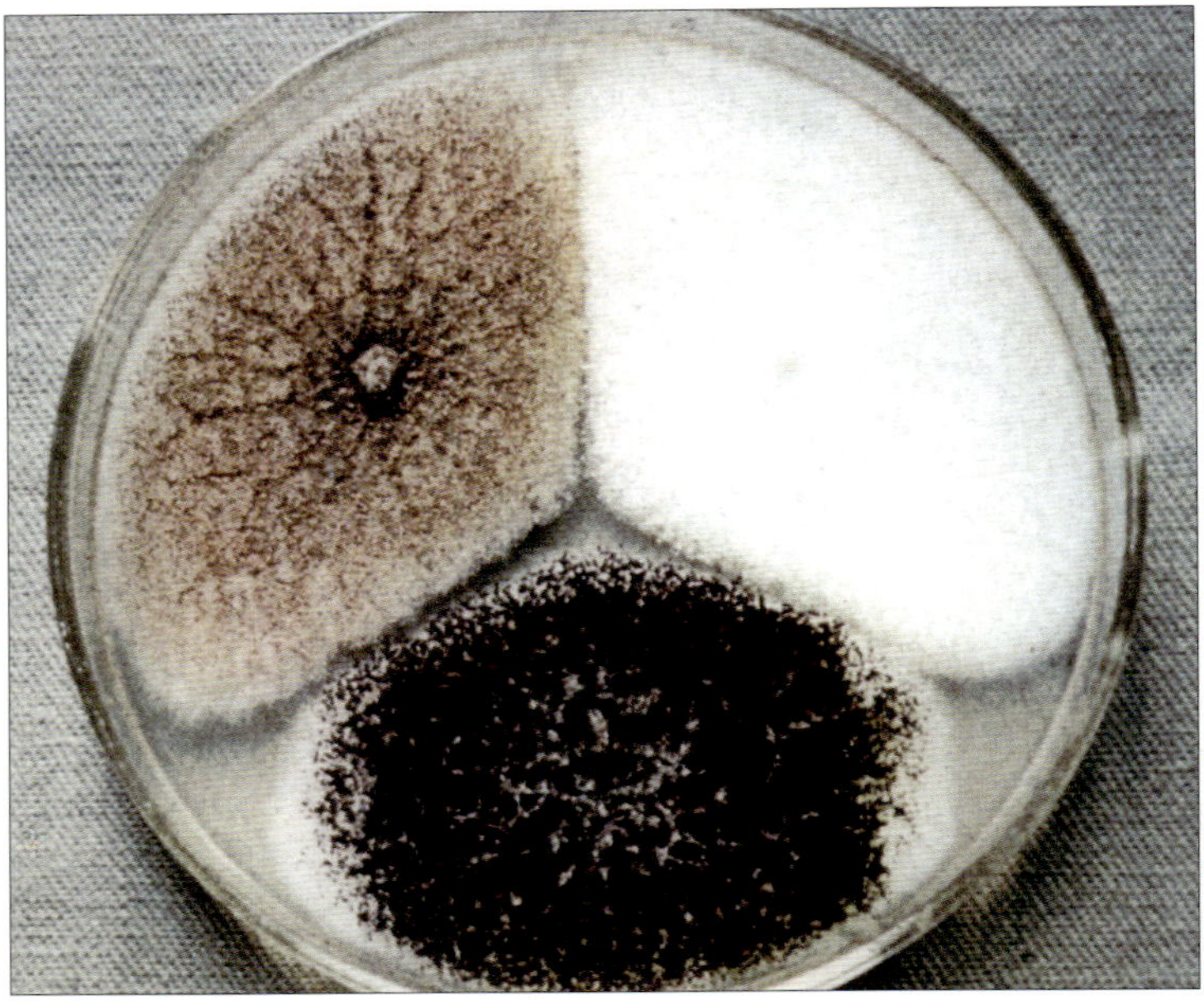

口絵 3　黒麹菌三態

右上　若い菌叢《きんそう》
左上　分生子の出始め，黒味がかった褐色
下　　良く生育した黒色の分生子

はじめに

日本を代表する花はサクラである。他の生物に目を転じると、国鳥はキジ（雉）、国魚は渓流の王者アユ（鮎）、そして国蝶はオオムラサキである。

日本のミクロの世界を代表する微生物「国菌」は麹菌《こうじきん》である、と私は思う。麹菌は古くは一〇世紀の源 順《みなもとのしたごう》の著したわが国初の分類体の漢和辞書『倭名類聚鈔《わみょうるいじゅしょう》（和名抄）』に加無太知（かむだち＝麹）として記された。麹菌は日本の伝統的醱酵食品の製造に欠かすことができないばかりか、日本の人々の、ものの見方、考え方、そして日本の社会に大きな影響を与えてきた微生物である。

ほぼ一世紀前、日本が近代国家への道を歩み始めた初期の時代に遭遇した日清・日露戦争の戦費を支えた重要な財源となったのは、日本酒の酒税であったといわれている。

きわめて大まかな数字だが、日本の微生物産業、醱酵工業は国内総生産の約三・五％くらいだった。醱酵工業の売り上げの約三分の一は日本酒、焼酎、醬油、味噌などの麹菌関連産業のものである。麹菌は国内総生産の約一％を稼ぎ出しているといえる。いっぽう、日本の国家予算の約一％という数字は、なんと日本の防衛費に相当する。

醱酵食品は原料の成分のみからでは考えられないいろいろな新しい機能性が見出されている。日本酒は毎日少し飲めば、長寿への道連れとなる。醬油は万能の調味料として、世界の人びとに愛されている。毎日の味噌汁は健康の維持にきわめて効果的である。味醂《みりん》はかくし味の王様といわれ、食品の照りを良くし食卓に美しさを添える。米酢《よねず》はわが国特有の酢で、鮨《すし》や日本料理に広く用いられている。わが国に住む男女に世界一長寿の健康寿命をもたらしている食生活の基盤を支えている微生物は麴菌であるといえる。

一世紀すこし前の一八九四年、高峰譲吉（一八五四—一九二二）は麴菌を利用して消化酵素剤「タカヂ（ジ）アスターゼ」を発明した。近代生命科学産業である酵素工業の扉を世界ではじめて開いた。

麴菌は日本の国で古くから食品に利用されてきた安全な微生物である。麴菌による数多くの酵素生産性の良さは各種の醸造工業で実証済みである。長い間、麴菌は完全世代が見られないことから不完全菌として扱われてきた。ところが、ゲノム解析の結果[1]産業上の食用微生物麴菌（*Aspergillus oryzae*）、ヒトの病原体のＡ・フミガツス（*A. fumigatus*）、そして遺伝学のモデル種であるＡ・ニドゥランス（*A. nidulans*）の三種の近縁種との比較により、麴菌は有性生殖をする可能性が明らかになった[2]。いろいろな生物の生命を維持する基本的な仕組みは、遺伝子ＤＮＡの情報をリボ核酸ＲＮＡに転写し、これをタンパク質に翻訳することである。この基本原理は生物すべてに共通のもので、セントラル・ドグマといわれる。したがって、なにか有用なタンパク質を生産する生物がいて、そのタンパク質の生産性が悪い場合などに、その有用タンパク質の情報を持つ遺伝子をその生物から取り出し、これを麴菌の細胞に組み込むことにより、麴菌の細胞で効率よくその有用タンパク質生産をすることができる。これを、遺伝子組換えによる有用タンパク質生産という。麴菌の細胞はタンパク質の生産分泌力は大変に強いので、有用タンパク質でありながら、生産性が悪いために利用範囲が限られていたものは、麴菌の細胞を用いる遺伝子組換えの方法により、広い分野で大きな産業を形成することができると期待されている。二一世紀の世界の知的競争のひとつはゲノム解析と、ポストゲノム研究である。麴菌・ゲノムの塩基配列の解読も二〇〇三年には完了し、研究論文は二〇〇五年に公表された[1]。麴菌をタンパク質の生産工場にという夢も段々実現してきた。

一、二-アルファ-マンノシダーゼは糖タンパク質の糖鎖構造解析に必須の酵素である。この一、二-アルファ-マンノシダーゼの製造は通商産業省（現・経済産業省）遺伝子組換えＤＮＡ技術工業化指針の適合度確認安全度カテゴリー一を一九九九年に通過し、民間の酒造会社で工業化された。また、麴菌の液体培養で発現するチロシナーゼ遺伝子（*melO*）のプロモーター領域に、固体培養で発現するグルコアミラーゼ（*glaB*）遺伝子をつなぎ、その組み込んだ発現ベクターを麴菌の細胞に入れて液体培養をすることで、本来は固体培養で発現するグルコアミラーゼの液体培養による新奇の大量生産法を民間会社とともに確立した。いずれも私の研究室から世界に発信した新しいナノ・テクノロジーである。

温故知新、「日本の国菌・麴菌」を新しい目で見直したい。

以上は、二〇〇二年に学士会会報に発表した「日本の国菌麴菌論[3]」をもとに、巻頭随想として二

○○四年の日本醸造協会誌に発表した一文[4]に手を入れたものである。
日本の伝統的な醱酵食品の製造の現場では、日本酒（清酒）醸造の重要な事柄を「一麴《きく》、二酛《もと》、三造《つく》り（あるいは、三醪《もろみ》）」からなる三点に要約してある。世界の調味料となった醤油醸造の三つの重要項目をあげると、「一麴《きく》、二櫂《かい》、三火入れ」となる。これに対して、味噌醸造の重要事項は、「一焚《た》き、二麴《きく》、三仕込《しこみ》」といわれる。日本酒（清酒）や醤油造りでは、それぞれ共に麴《こうじ》造りが、最終製品の品質を左右する最も重要な製造工程であることを示している。味噌については麴《こうじ》の品質と味噌の品質との相関関係について、前二者ほどは大きくないといわれている。しかし、後述するように、味噌の香気成分からの品質評価の結果は、麴菌の脂質関連酵素の存在が味噌の品質を有意に左右することが知られた。味噌は多様なので一概には言うことはできないが、少なくとも長期熟成を必要とする味噌においては近い将来、味噌醸造の重要事項は「一麴、二焚き、三仕込」となりそうである。いずれにしても、日本の代表的な醱酵食品の製造には、麴菌のかかわりがきわめて大きくかつ重要であることを示している。

「麴《こうじ》」という言葉は、「キク」あるいは「コク」とも読む。「糀」と書くこともある。「糀」は国字である。漢和辞典によると、次のような言葉がある。「麴院《きくいん》」は酒を造るところ、酒屋、酒房。「麴君《きくくん》」は酒の別名。「麴神《きくしん》」は酒の神。また、きわめて酒の好きな人。

「コウジ（麴）」といういわば古めかしい日本の言葉から発し、今日世界の化合物の百科辞典ともいうべき『メルク・インデックス』（一三版、二〇〇一、メルク社刊[5]）に「Kojic Acid（麴酸[6]）」が収録されている。麹菌（*Aspergillus oryzae*）からの麹酸の分離は "Saito, *Bot. Mag. Tokyo*"（斎藤賢道、『植物学会誌』）**21**, 249 (1907)、構造決定は "Yabuta, (T.) *J. Chem. Soc.* (*Trans.*)" **125**, 575 (1924) と、いずれも日本人の快挙が記されている。麹酸にはバクテリアの生長阻害を示す抗生物質作用がある。また、白血球の減少をもたらす。さらに、麹酸は褐変化酵素である酸素添加酵素のチロシナーゼ活性を阻害する。このことから、麹酸入りの日焼け止めクリームが開発されている。

そして、オックスフォード大学出版局から出版された『オックスフォード・生化学・分子生物学辞典』[7]（一九九七）には、「kojibiose（コウジビオース）」[8]という言葉が記載されている。これは、日本酒（清酒）の中から見出されたブドウ糖二分子がアルファ-一、二グルコシド結合した二糖で酵母菌によって醱酵することができない非醱酵性糖である。

アルコール醱酵は日本酒、ビール、ワインなどの酒造のみならず、醤油醸造、味噌製造、そしてパン工業などにも広く応用されている。酵母菌のみがアルコール醱酵をするのかというと、そうではなく、実は、カビのアルコール醱酵について、今から五分の四世紀も前の一九二八年に、坂口謹一郎は麹菌を麹汁上に摂氏二八―三〇度で一三〜一五日間表面培養するとアルコール醱酵をすること、生成したアルコールは二種の誘導体に導き同定し、報告している。[9]世界のエネルギー事情ならびに環境問題から、バイオエタノールは世界的に注目されているから、エタノール生産性のきわめて高い菌株の造成は再び重要な事項となってきた。例えば、アオカビの近縁グループである *Paecilomyces* sp. NF1 株が植物バイオマスからエタノール生産を効率よくすることで知られている。[10]この菌株は、グルコースやフルクトースなどの通常の醗酵性糖のみならず、多糖類のデンプンなどからもエタノールを効率よく生産する。この株は、キシロースやエタノールのそれぞれの高い濃度に対して抵抗性を持っている。

江戸時代の天保一四年（一八四三）刊行の『雲《うん》萍《ぴやう(ぴょう)》雑《ざつ》志《し》』[11]に「飲酒の十徳」がある。

一　禮《れい》を正《ただ》し、二　労《ろう》をいとひ、三　憂《うれひ》をわすれ、四　欝《うつ》をひらき、五　氣《き》をめぐらし、六　病《やまひ》をさけ、七　毒《どく》を解《げ》し、八　人《ひと》と親《した》しみ、九　縁《えん》をむすび、十　人壽《にんじゅ》を延《の》ぶ。

貝原益軒は『養生訓』[12]の中で、酒の功罪を次のように述べている。

酒は天の美禄《びろく》なり。少《すこし》のめば陽気を助け、血気をやはらげ、食気をめぐらし、愁《うれい》を去り、興《きょう》を発して、甚《はなはだ》人に益あり。多くのめば、又よく人を害する事、酒に過《すぎ》たるものなし。（後略）

酒のエタノールは脳に酔いをもたらすことから注目されてきた。いっぽう、麴菌工業の醤油・味噌工業を中心に生産される旨味《うまみ》物質であるグルタミン酸については、その旨味だけではなくグルタミン酸受容体タンパク質の研究は脳神経科学にとって重要な領域として脚光を浴びてきた。

平成一八年度の日本醸造学会大会（児玉徹会長）において、麴菌は「国菌」であることが認定された。

ともあれ、これだけ大きな力をもつ麴菌について、一般の方には意外と知られていない。専門家のためには、すでに名著『麹学』[13]や、最近では『分子麹菌学』[14]の著書が出版されているが、一般的ではない。麹菌は醗酵・醸造分野以外の人びとには、別名のコウジカビ（麹黴）と使われることが多いようである。辞書にも、麹菌を採用しているものと、麹黴を採用しているものがある。カビというイメージが良くないからなのだろうか。日本の人びとにとって欠かすことのできない、この日本を代表する微生物・麹菌とその周辺の世界を、身近な参考文献をたよりに探ってみることにしたい。

すでに述べたように、そして本文で詳述するように麹はわが国の醗酵食品である日本酒（清酒）、醤油、味噌のすべてにわたってその最終製品に最も重要な影響をあたえるものである。醗酵食品はわが国の人びとの食生活の根幹によこたわるもので、わが国の人びとの健康寿命を世界一に保つために大きな要因となっている。麹を基盤とする醗酵食品は単に食生活のみならず、わが国の人びとのものの見方、考え方に大きな影響を与えてきたばかりではなく、社会、経済にも大きな影響を与えてきた。古くわが国最古の書『古事記』[15]の発端に記された地上に最初に「葦牙《あしかび》の如く萌え騰《あが》がる物」として現れた神は「宇摩志阿斯訶備比古遅《うましあしかびひこぢの》神」で、西郷信綱[16]によると、「葦牙《あしかび》は葦の芽、牙《かび》は芽に通ずる、黴《かび》も同語である」とある。日本国という組織をつくりあげたのは、天智《てんじ》天皇（在位六六八―七一）で、国号「日本」を名乗ったのは六六八年と考えられる[17][18]。これらのことから、七世紀には黴《かび》は温暖・湿潤なこの国の主要な生物として存在していたものと思われる。麹は麹菌を加熱した穀物に生やしてつくる。わが国に古く「加無太知《かむだち》＝麹」としてあらわれた麹菌のつくりだす麹を本書の題『麹』とした。

目次

第一部　麴菌を育んだ日本

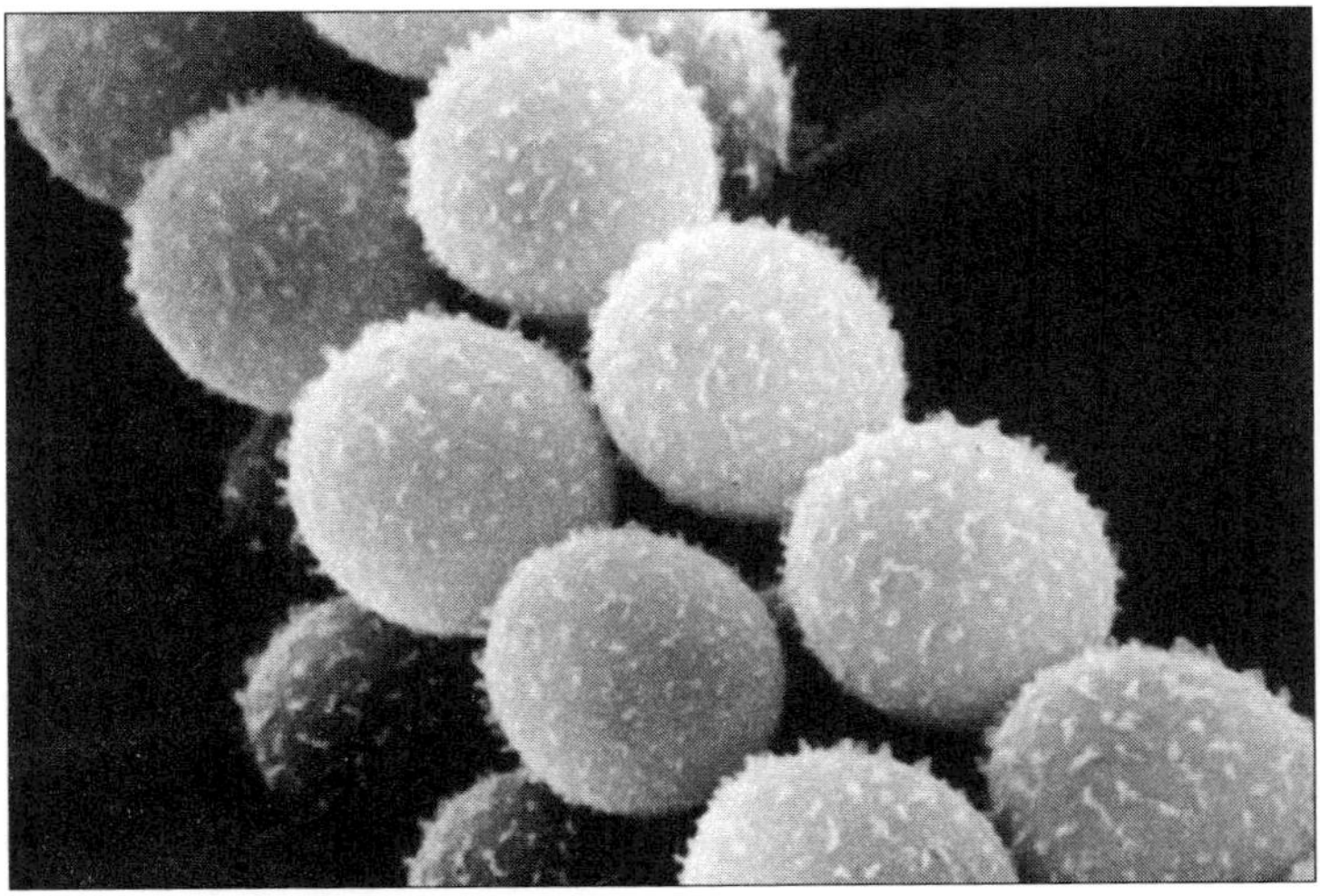

麴菌分生子の電子顕微鏡写真／林和也博士提供

第一章　日本人の起源

人類の起源

日本の文化、そして社会の形成について大きな影響を与えてきた麴菌という日本を代表する微生物について述べる前に、この特異的な微生物の特色を活かし、長年にわたって育んできた日本の人びとの祖先について要約してみる。それは、麴菌に関する科学と技術、そして社会に及ぼす影響についての根源には、いわば「ものつくり」にかかわる創意工夫の伝統が脈々と続いているからなのである。この創意工夫の伝統を長いこと引き継いできた人びとの系譜の根元には、日本列島に住みついてきた人びとはどこから来たのかという疑問につながる。

原日本人の日本列島への渡来、あるいは日本人のルーツ解明の前に、人類の祖先ヒト、ホモ・サピエンス（*Homo sapiens*）[1]について、ざっとたどってみる。なお、ホモ・サピエンスは「智恵のある人」を意味するラテン語である。

ヒトはアフリカで誕生した。五〇〇万年前のことといわれている。チンパンジーから進化したヒトの祖型は猿人、原人、古代型新人と進化してきた。そして、二〇万年前に進化のはてに、アフリカで誕生した人類がホモ・サピエンスであったといわれている。この地域はアフリカ大陸の赤道付近を南北に縦断する東アフリカ大地溝地帯である。ここに一〇万年あまりとどまったのち、徐々に徐々に外の世界に適応して各地にひろがった。[1] 近年著しく進歩した遺伝の情報を担うデオキシリボ核酸ＤＮＡの解析技術からの情報も、以上のことがらを支持している。

日本人の起源

自然人類学（形質遺伝学）の尾本恵一は、「原モンゴロイド」にすでに北と南の二つの系統があった、とする仮説を一九九〇年代中頃までに提出している。[2] 原日本人から日本人の成立について、後期旧石器時代から縄文時代の原モンゴロイド（南方モンゴロイド）的な集団を基層とし、弥生時代以降に渡来した新モンゴロイド的な集団が重なり、混血の程度の高い本土日本人と、比較的混血の少なかったアイヌおよび琉球人ができあがった、とする二重構造モデルである。[2]

遺伝子ＤＮＡからの日本人の系譜

従来は考古学において古代の人骨が発掘されると、その地層の放射性炭素の測定など考古学上の年代を測定し、人骨の形態上の特徴からヒトとしての全体の形を推察していた。

遺跡からの発掘物という偶然によらず、現在のヒトの集団から得られる遺伝子デオキシリボ核酸

（DNA）の分子情報を探ることにより、日本人の系譜を探ることが可能となった。[3] 親から子に伝えられる遺伝の情報は遺伝子DNA分子により行われる。DNAは暗号化された記録なのである。これらのDNA情報は、その分子を構成している内部の差異（塩基の種類）からアデニン（A）、チミン（T）、シトシン（C）、グアニン（G）の四種類に分けられる。DNA情報はこれらの四文字で綴られた暗号文書といえる。

親から子に伝えられる間に、遺伝子DNAは一定のレベルで突然変異を起こすことが知られている。そして、突然変異により暗号化されている四文字の組み合わせが変わることがある。DNA情報は、この時点で子孫に誤って伝えられることになる。これらの遺伝子DNA上の変異を子孫から先祖へ逆にたどることにより、その子孫集団がどこに由来するかを明らかにすることができるようになった。[3]

細胞の中のDNAには、核内に存在するDNAと細胞質中に多数分散して存在し呼吸に関係する一連の酵素群を内蔵している顆粒であるミトコンドリア内に存在する比較的小型のミトコンドリアDNAがある。ミトコンドリアDNAは小型のため、全塩基配列の解析が比較的容易だから、個人・集団の識別のためのDNA多型分析に利用できる。ミトコンドリアDNAは変異の頻度が非常に高いので、比較的短い時間での分析には適している。しかし、長期にわたって時間をさかのぼるような調査には不向きの点がある。そして、ミトコンドリアDNAの塩基配列の解析からは母系だけの遺伝様式しかカバーできないという特色がある。

ミトコンドリアDNA亜型のうち、日本列島に住む人びとにみられるものはC系列（頻度○・一三）、

D系列（頻度〇・三五）、N系列（頻度〇・〇四）、O系列（頻度〇・四八）である。[3] C系列は日本列島を含む東アジア、オセアニア、オーストラリア、シベリア、アメリカに広く分布している。D系列はアフリカ、ヨーロッパ、中東、アジアなどに広く分布している。N系列はシベリアに多く見られる。O系列は日本列島を含む東アジアとオセアニア全域に広がっている。

ミトコンドリアDNA分析は、DNA多型分析によるヒト集団の系統分析の研究として先行したが、最近は性染色体であるY染色体DNAの研究が主流になってきている。Y染色体は男性を決定する遺伝子を含んでいるので父親のみからの遺伝様式（父系遺伝）の追跡が可能なのである。そして、Y染色体DNAは継時的観点から非常に安定していて、長期追跡が可能な変異と、比較的早い変化を示す変異との二つの方法を併用することが可能な長所をもつ。[3]

日本列島に現在居住するヒト集団のY染色体DNA亜型は、シベリア起源のC三系統、南方島嶼《とうしょ》部起源のC一系統、華北経由のD二、華北・朝鮮半島経由のO二b、華北起源のO三からなる五系統となる。[3]

崎谷満[3]によると、世界的観点から日本列島の重要性が述べられている。

特記すべきは、この出アフリカの三大グループのいずれの系統もが一つの地域で見られるのは全世界的にほぼ日本列島だけであることである。つまり日本列島のDNA多型性は、歴史的に古く分岐して遺伝子距離的に遠隔なグループが現在も共存しているという意味で、その歴史的重要性と多様性の大きさを示していると思われる。全世界的なＤＮＡ多型分布の観点から、日本列島は大変重要な地域であることが指摘できる。

このようなＤＮＡ分子の塩基配列情報の様式から、生物の進化を考える領域は分子進化と呼ばれるようになった。従来、生物の形態、生理・生態などに依存して分類し進化を考えてきた生物学に、生物を構成するＤＮＡやタンパク質などの生体分子の構造情報から進化を考える技術が加わった。長い間地中に埋もれていた人骨から抽出したＤＮＡの分子情報は考古学分野に、従来考えられなかった大きな方法論を導入することになった。

北から来た人びと

約三万五〇〇〇年前には、日本列島は大陸と陸続きになっていたといわれている。そして、シベリアのバイカル湖付近に、約三万年前に、寒冷地に適応した北方モンゴロイド（新モンゴロイド）が出現した。マンモスハンターともいわれている。彼らは石刃《せきじん》石器文化をもち、体の特徴は、扁平な顔で、体毛が少なかったといわれている。この石刃技法の発生とその延長線にある細石刃《さいせきじん》(4)の利用開発が、あの巨大なマンモスを狩猟の対象とした生活を可能にした。

約二万年前に、細石刃文化をもった系統の人びとが日本列島にやってきた(1)。日本で見つかっている一番古い細石刃は、約二万年前のもので、北海道・千歳出土のものである。この細石刃文化をもった北方モンゴロイドは、シベリア平原のバイカル湖周辺の今日の「ブリヤート共和国」（＝ロシア連邦内共和国）に住む人びと「ブリアート・モンゴル」の祖先が「原日本人」の原型のひとつになったと推定されている。[1] その根拠は、国立遺伝学研究所が管理運営している「日本人DNAデータバンク」(http://www.ddbj.nig.ac.jp) に登録されているDNA配列について、佐賀医科大学の篠田謙一による縄文人の歯のDNA配列を突き合せた結果による。[1]

　これに対して、崎谷満は、Y染色体DNA分析から、次のように論じている。[3]

> 日本列島に移動してきた（シベリア起源の）C三系統の亜型と、現在のブリヤート民族のC三系統の亜型とが一致するというデータがまだ存在しないため、せいぜいその共通祖先がC三系統に含まれるとしか言えない。（中略）
>
> 　そしてもっと重要なことであるが、日本列島で主流になっている先住系ヒト集団は（華北経由の）D二系統であり、他にも（華北・朝鮮半島経由の）Ob二系統や（華北起源の）O三系統の大グループが存在するため、この僅かなC三系統のヒト集団でもって「縄文人」や「日本人」全体を代表させるわけにはいかないであろう。

結論として、崎谷は次のようにまとめている。[3]

日本列島へ旧石器時代に渡って来た（シベリア起源の）C三系統ヒト集団は、一、東アフリカ－二、南アジア－三、中央アジア－四、シベリア－五、サハリン－六、北海道のルートを経てきたようである。そして本州、九州へと南下したことが推定される。C三系統はシベリアとの関連が深く、日本列島における北方系先住系集団を表している。

南から来た人びと

日本列島は大陸と陸続きになっていたといわれている日本列島の本州や沖縄に、約三万五〇〇〇年前に東アジアの南方モンゴロイド（初原モンゴロイド＝古モンゴロイド）の「縄文人」が住みついたとされる。その特徴は、多毛で、彫りが深く、筋肉質であった。

沖縄本土の具志頭村《ぐしがみそん》港川の砕石場から一九六六年に発見された、ほぼ完全な頭骨と右上腕骨、右大腿骨など四体分の骨格化石は、放射性炭素法などの複数の年代測定法による測定で約一万八〇〇〇年～一万六〇〇〇年前のものとされ、「港川人」と命名されている(1)。この港川人の骨格はホモ・サピエンスの特色をもつものの、横後頭隆起などに原始的な特徴を残すものであった。港川人一号男性の推定身長は一五〇～一五五センチ、眉間の隆起と頬骨の張り出し、そして頭部の下部に膨らみがある点など、インドネシア・ジャワ島のワジャク人に類似している。総合して、港川人は縄文人とワジャク人と似ている点が多く、山頂洞人や柳江人とは似ている点は少ない(1)。港川人の骨格から、縄文人の原型と考えられている(4)。日本本土では、約一万年以上前の遺跡は数多く発掘されているが、人骨は静岡県の三ヶ日人のほかはあまり発見されていない。
石斧《せきふ》について、小田静夫の興味深い一文がある。(1)

> 磨製石斧は一般的には約一万年前以降の新石器時代から多用され、金属器時代の「鉄斧」に取ってかわられるまで、広く世界各地で使用された。日本列島における磨製石斧の出現は特異であり旧石器時代の約三万五〇〇〇年前から二万八〇〇〇年前、後期更新世後半期に早くも多数存在している。しかし、その後、一万年ちかい空白の時期があり、約一万八〇〇〇年前の旧石器時代終末期、細石刃《さいせきじん》文化の時代に再び登場する。縄文時代になると磨製石斧は一般的になり、約四〇〇〇年前の縄文後期に全盛を迎える。さらに、約二三〇〇―一七〇〇年前の弥生時代にも多用され、弥生後期に鉄斧が主体になると石斧の時代は終焉を迎えるのである。(1)
>
> 石斧には刃の線と柄がほぼ並行する「縦斧」（アックス、axe）と、刃の線が柄にほぼ直交する「横斧」（アッズ、adze）とがあり、縦斧は鉞《まさかり》状の着柄、横柄は手斧《ちょうな》状の着柄とされる。そして日本の磨製石斧は、横斧優勢から縦斧優勢へと変遷していく。旧石器時代の石斧はまだ縦斧か横斧か判別が困難であるが、大半は横斧であったとみられる。(1)（後略）

さらに、世界最古のこの円筒石斧について、小田の文は続く。(1)

> 鹿児島県加世田市の栫《かこい》ノ原遺跡で、約一万二〇〇〇年前の薩摩火山灰層の下から、縄文時代草

創期の豊富な遺構、遺物が確認された。そのなかに特徴的な技法と形態を示す磨製石斧が出土し注目された。この石斧は、まず敲打《こうだ》で石斧の身を円筒状に整形したあと全面を研磨し、刃部の裏側を丸ノミ状に湾曲させた片刃斧（横斧、手斧《ちょうな》型）であった。(1) さらに、この石斧の頭部は亀頭状に膨らんでいた。(1)

この特異な世界最古の円筒石斧は、「栫《かこい》ノ原石斧」と呼ばれている。(1) この栫ノ原型石斧は形態、年代ともに限定することができる石器で、南は沖縄本島から北は長崎県五島列島におよび、中心地域は奄美大島から鹿児島本土南部に認められている。

ハイネ・ゲルデルによると、円筒石斧は最初の民族移動とかかわりをもち、日本および北中国が起源地で、台湾、フィリピンを経由して、インドネシア東部およびメラネシアに到達した。(1) これらの丸ノミ型の磨製石斧などは、丸木舟造りに必需品で、広い意味での海洋航海民の道具ととらえられている。

縄文時代の人びと

およそ二万年前に、地球は氷河期以降の寒さから一転して温暖な気候となった。(1) 一万五〇〇〇年前の前後から地球は急に温暖化し、氷河が溶けはじめ、大量の水が海へ流れ込んだ。最寒冷期、海面は平均で現在より約一〇〇メートル以上も低かったと考えられている。富山県の入善沖に約八〇〇〇年前に森林であった樹木の根株からなる埋没林がある。石川県松任《まっとう》市沖の海底からも同じような縄文時代の木の根株がみつかっている。

およそ八〇〇〇年前に、フィリピン沖に発生し、太平洋を北上する暖流・黒潮は沖縄付近で二つに分かれ、一方はそのまま太平洋を進み、もう一方が東シナ海を北上し対馬海峡を通り、日本海に達した。これが対馬暖流である。温暖湿潤で、降水量の多い日本列島は西日本にはシイやカシなどの照葉樹林の森がひろがり、東日本はブナやコナラ、クリなどの落葉樹林に恵まれた。世界でも稀にみる豊かな植物相からなる縄文樹林帯を形成したのである。

縄文時代については、非常に大きな謎がある。[1]

およそ、四〇〇〇年前を境に、謳歌していた縄文文化が崩壊、ムラの数が激減、人口も減少という異常事態が発生したのである。

この激変のときに繁栄を謳歌した三内丸山遺跡も終焉《しゅうえん》を迎えた。いったい何があったのか。

元東京都立大学の福沢仁之による、下北半島・小川原《おがわら》湖の湖底泥中の植物プランクトン分析結果から、四一六〇年前を境に植物プランクトンは環境悪化のしるしである休眠胞子へと変化していたことがわかった。[1]狩猟採集を基本に植物の管理栽培を行う社会は、急激な環境変化を前にもろくも崩れ去ったと考えられている。[1]縄文社会はその後の数百年間、大動乱の時代を迎えた。[1]

崎谷満は、新石器時代（縄文時代）に主流をなしたヒト集団は華北経由のD二系統であろうと考えている。(3)

大陸から渡来した人びと

弥生人は圧倒的に高い人口増加率で在来の縄文人を同化・吸収しつつ日本列島に拡散して、本土の日本人の祖先集団になった。しかし、渡来の中心である西日本から遠く隔たった北海道と沖縄を含む南西諸島には弥生人の遺伝的影響が強く及ばなかったと考えられ、そのため、それらの地域の住民は縄文人の体質が色濃く残されている。

一九八五〜七年にかけての青森・垂柳《たれやなぎ》遺跡で、弥生中期の水田遺構からイネの遺物であるプラント・オパールが大量に検出された。(5) この発見は、わが国における水田稲作の東進北上は、従来説を大幅に訂正し、西暦紀元前後にはすでに青森に達していたことを証明したことになった。さらに、垂柳遺跡の弥生水田址でイヌビエのプラント・オパールが大変に多く、イネの総生産量より多いと算出された。

崎谷満はY染色体DNA亜型から、次のように述べている。(3)

日本列島における最大グループとも想定されるD二系統（華北経由）は、上記の北方系C三系統とはその移動ルートがかなり異なるが、やはり北方系グループをなすものと推定される。D二系統の移動ルートは、一、北アフリカ—二、中東—三、中央アジア—四、華北—五、朝鮮半島—六、西九州であると推定される。

日本の古代の時代区分

日本の古代を発掘物から考古学的に分けるとおおよそ次のように四つの時代に分けられる。(6)

(一) 旧石器時代——石器が中心を占め、まだ土器のない時代、何十万年か続いた。

(二) 縄文時代——紀元前八〇〇〇年（あるいは一万年）くらいに始まり、紀元前五〇〇〇年頃まで。

(三) 弥生時代——紀元前五〇〇〇年頃（一説によると、紀元前七〇〇〇年頃）から紀元三〇〇年頃まで。金属器（青銅器、鉄器）が加わった。北九州から始まった。

(四) 古墳時代——紀元三〇〇年以降。数多くの古墳が造られ、その中から日本で書かれた漢字が見出されるようになる時代。埼玉県稲荷山出土の鉄剣に鋳込まれていた一一五字の文章などがそれである。この時代から、日本は文字時代に入った。

ついで、七世紀ころに歴史書の編集が始まり、和銅五年（七一二）太安万侶は稗田阿礼の誦《よ》むところを撰録し『古事記』三巻をまとめ献上した。そして、養老四年（七二〇）日本最古の勅撰の正史『日本書紀』は舎人親王らの撰によった。八世紀には『万葉集』が編まれた。

日本語の起源

日本語について、言語学的に詳細な研究をまとめた服部四郎著『日本語の系統』[7]によると、日本語の系統は今なお霞みにつつまれているとのことで、日本語は近隣諸国で用いられている言語とは系統的に異なるといわれている。

ところで、日本語は日本民族だけで生みだしたという学説「白鳥庫吉学説」が、川瀬一馬著『日本文化史』[8]に紹介されている。その根拠は、日本語の数詞の成り立ちは「一《ひい》　二《ふう》　三《みい》　四《よ》　五《いつ》　六《むう》　七《な》　八《や》　九《この》　十《とお》」からなっているからである。「一《いち》　二《に》　三《さん》　四《し》　五《ご》……」という数詞の呼び方はシナ語からの借用語であるということによる。

いっぽう、国語学者の大野晋は『日本語の起源　新版』[6]の中で、はるか彼方、南インドとスリランカのタミル文明と言語が、遠い遠い歴史以前の日本のある時期の文明および言語と、祖先をおなじくしているのではないかという壮大な仮説を提出している。大野晋はさらに、近著『弥生文明と南インド』[9]の中で、

> 日本から七〇〇〇㎞も離れた南インドの文明が三〇〇〇年も前に日本に到来し、弥生時代という新しい文明の時代を開く原動力となった。それに伴って古代タミル語が古い日本語にかぶさり、単語と文法とが受け入れられて、ここに一つのいわゆるクレオール語が成立した。

と述べている。ここでいう、

クレオール語（注、créole（仏）Creole（英））とは、大航海時代に中央アメリカやアフリカに、ヨーロッパ文明が進出し、支配的勢力を及ぼしたとき、それに伴ってポルトガル語、スペイン語、英語などが各地に、始めは単語から、世代が進むにつれて文法まで現地の発音の仕方によって現地の人々にうけいれられ、もともとの現地の言葉とも、侵入したヨーロッパの言語そのものとも違う形に変形し定着した言語をいう。

ちなみに大野は、「文化」と「文明」を次のように捉えている。

「文化」の中核は地域の自然条件に対する人間の対し方にある。「文明」の中核は人間の作り出した一般性のある、思考と技術にある。だから「文化」はよその地域への持ち運びは不可能だが、「文明は」運び出され、運び込まれる。このように「文化」と「文明」を区別することが人間の歴史を明確に理解し認識する上で、重要だと思う。

医学を修め、古代のラテン語や古典ギリシャ語などに造詣が深く、大学で西洋古典学の教鞭をとっておいでの二宮陸雄は、もう一つの印欧古典語であるサンスクリット語の世界に踏み込んでいたところ、『古事記』に出会い、『古事記』の神代編にはサンスクリットの語感をもつ語が多いことに気がつき、『古事記』の中にサンスクリット語で読み解く宇宙精神継承の壮大な構図を見出した。その成果は『古事記の真実――神代編の梵語解[10]』なる大著として出版された。たとえば、「美斗能麻具波比《ミトノマグハヒ》」は、「梵語辞典」によると、mithuna（ペアの。一対を成した。女と男のペア。ペアをなすこと。性交）、makha（楽しい。快活な。祭り。快楽や祝いのある機会〈場合〉。供犠）からできた合成語 mithunomakhaḥ（ミトウノマカヒ）で、「男女のペアの快楽行事（あるいは供犠）」、「性交の祭り」を意味しているのだそうだ。

日本列島に移り住んだ人びとと酒

日本列島に移り住んだ人びとについて、「この出アフリカの三大グループのいずれの系統もが一つの地域で見られるのは全世界的にほぼ日本列島だけである。」との崎谷満の指摘[3]は、この人びとの生き方は多様な生活基盤に支えられてきたことを示している。

世界の酒造りのもっとも古い造り方は、蜂蜜や果実に含まれる糖を直接に醗酵させたものである。ついで、植物の貯蔵性の多糖類・デンプンから各種の方法で糖化をして酒造りに応用するものである。その第一は、植物の種子が水と適温の条件により発芽する際、植物自らの酵素により貯蔵型のデンプンを糖化するしくみである発芽による糖化作用を利用して醗酵させた酒造りの方法、その第二は多糖類であるデンプンを人が噛むことにより、唾液に含まれるデンプン分解酵素により糖化したものを醗酵させた口嚙み酒のような酒造りであり、その第三は、植物由来のデンプンにカビが生え糖化したものを醗酵させたものである。第三の方法こそ、日本列島の気候風土にもっとも適応した麴菌がかかわりをもった方法であろう。

古代の日本列島に住み着いた人びとは、食用に安全な麹菌と、毒性をもち病原性のA・フミガッスやA・フラブスなどの野生株とをどのようにして選別したのであろうか。今日、いまだに不明のところである。日本列島に住み着いた古代の人びとは非常に長い年月をかけてこの大変に困難な問題を恐らくは経験的に解決し、今日われわれに安全な麹菌をもたらしたのである。後述するように、今日の分子遺伝学の技法によるDNAからの情報分析の結果は、古代の人びとの選別した食用の微生物・麹菌は、病原性をもつA・フミガッスやA・フラブスなどの野生株とは明白に選別されてきたことを証明している。

第二章　稲作の起源――麹菌と相性の良い植物

稲作の起源

稲作の起源地は、(1) 一九七〇年代に発掘された中国浙江省杭州湾《せっこう》南岸にある余姚県《ようか》河姆渡《かぼと》村でみつかった新石器時代初期の「河姆渡《かぼと》遺跡」で、紀元前五〇〇〇年のものである。一九八〇年代に発掘された長江中流域において、彭頭山《ほうとうざん》文化の発見により、紀元前七〇〇〇―六〇〇〇年頃に稲作が行われていたと把握されるようになってきた。水稲耕作は華南で古くから行われており、その年代は華北の畑作農耕に匹敵するものである。越人については、この河姆渡住民の末裔として、周代以前に寧紹地方を領域とする国に台頭していたとみられる。

なお、静岡大学の佐藤洋一郎（現、総合地球環境学研究所）によるＤＮＡの分析から、河姆渡遺跡からの七〇〇〇年前のイネは熱帯ジャポニカであった。(2)

イネ学からみた稲作の起源

イネの育種の専門家である池橋宏は、稲作のルーツは焼畑農業ではなく、サトイモなど水辺の根菜栽培に起源を持つ「株分け」栽培から生まれた、と考えている。[3] 池橋は、従来「イネの栽培化の説明」を生み出すにいたった中尾佐助[4]の「照葉樹林農耕論」では説明のむずかしい「水田稲作の起源」という問題を解明する可能性のある「根菜農耕論」という対照的な枠組みのなかで、水田農業と稲作とが一体となって起源してきたと想定し、定説の書き直しを迫る論考を行っている。

「根菜農耕論」は「漁業農業文化の興隆に適したのが東南アジアであり、ここで家畜的動物（ニワトリとブタ）と栄養繁殖による栽培技術がはじまった」と世界の農業の始まりを主張したアメリカ地理学会の、O・C・サウアー（一八八九―一九七五）によるものである。根菜農耕の指標はサトイモである。

池橋は、次のように考えている。

高温・多雨の気候のもとで、根菜農耕の背景で湿地において株分け栽培が広く行われ、そこから水田稲作がはじまったと考えれば、水田の起源も稲作の起源も同時に理解される。また、稲作がはじめから湛水を必要とする水田で行われたことも理解できる。

さらに、次のように続けている。

イネが株分けによって栽培化されたと考えると、水田や苗代の起源も無理なく説明できる。

そして、池橋は「根菜農耕への旅」を、中国の雲南から東南アジアに痕跡をたどった。結局、雲南省の景洪から北ラオスの水田地帯では確かにタロイモの湿地株分け栽培があることが確認できた。

それでは、イネはどのようにして栽培化されたのであろうか。

アジアの栽培イネの直接の先祖となった野生イネは *Oryza rufipogon* と呼ばれる一種で、中国からインドまで広く分布している。(中略)

中国における野生イネの徹底的な調査によれば、野生イネはすべて年中水のあるところで水辺の植物として記録されており、その分布は北は江西省の東郷県《とうきょうけん》から南はベトナム国境に及んでいる。(中略)

一九九四年に発見された草鞋《わらじ》山遺跡の水田址は、世界最古の水田遺構の一つであるが、それは黄土層にほりこまれていた穴である。藤原宏志はその栽培方法は株分け稲作であっただろうと推定している。(中略)

野生イネの数十の標識遺伝子ＤＮＡの多型性を調べると、遺伝子型のうち約半数は固定していなかった。（中略）

野生的な穂の貧弱なイネが広い地域で長く栽培されているうちに、一つの遺伝子の突然変異によって、大きな穂をつけるものが出現した可能性は十分にあったのである。（後略）

かくして、「イネの変化が農耕を教え」、「水田稲作は奇跡であった」と考えられるような予想以上にすぐれた農耕が生まれたのであった。そして、最古の稲作遺跡は古代の「越」の都と重なるのである。さらに、稲作民の拡大と湛水水田農耕の発展へとすすんだ(3)。以上は、無肥料で連作が可能というイネのすぐれた特色は水田稲作でこそ現れるものであることを良く説明されたものである。

縄文遺跡からのメッセージ

生物の記録の最も古いものは、微生物の化石（微化石）として存在している。今から約三〇億年前の地層の中に微生物の細胞分裂の姿が刻み込まれていて、その姿は電子顕微鏡を通して見ることができる。電子顕微鏡は人間の目で捉えることのできなかった極微の生命の情報を考古学にもたらした。このような学問領域を生物考古学（Bio-archeology）という。

古代の農耕を実証する最も有効な方法は、確実な年代根拠をともなう作物遺物を検出することである。埋蔵種子や花粉の分析とは別に、イネ科植物遺物の属、種を判別できる画期的なプラント・オパール分析法が藤原宏志により開発された[5]。

イネをはじめ、ムギ類、アワ、ヒエ、キビ、トウモロコシなどのイネ科植物は、土壌中の珪酸をよく吸収し、それぞれの植物体中の特殊な細胞壁に集中的に珪酸を沈着する。これがイネ科植物に存在するガラス質の「機動細胞珪酸体」である。枯死し、腐蝕したイネ科植物の珪酸体は肉眼では見えない約五〇マイクロメートルの化石プラント・オパールとなる。なお、マイクロメートルは一メートルの百万分の一の単位である。

イネ科植物のプラント・オパールは結晶構造のない、いわゆるガラス質であるために、偏光現象はなく、暗視野状態では顕微鏡の視野から消えるが、明視野状態で現れる現象を利用することと、そして、火山性のガラスとは屈折率が異なることを利用してイネ科植物のプラント・オパールを選別するのである。さらに、定性的な植物の同定だけではなく、土粒子の超音波照射を行い、一〇〇マイクロメートル以下の粒子を回収する。そして、粒径三〇—一〇〇マイクロメートルの人工ガラス・ビーズを加えて、検鏡の際の対照としてプラント・オパールの定量分析を確立したのであった。

縄文前期（六〇〇〇—五〇〇〇年前）の岡山・朝寝鼻《あさねばな》貝塚で、一九九九年に国内最古の稲作を証明するプラント・オパールがノートルダム清心女子大学の高橋護のグループにより発見された[2]。

三内丸山遺跡（青森市の西部、八甲田山系の東端）は縄文時代前期—中期の遺構である。一九九五年、藤原宏志は強力な超音波を土器片に照射し、もとの土にもどしてプラント・オパールを壊さずに取り出すことに成功した。つまり、今から五五〇〇年前の縄文時代に東北の北部で農耕生活が営まれていたことが証明されたといえる。

約三五〇〇年前の縄文時代後期の南溝手遺跡（岡山県）と岡山大学津島遺跡で出土した土器からプラント・オパールが検出された。水田を作っていたことが考古学的に認められているのは約二四〇〇年前なのだが、プラント・オパールによる稲作の存在は一挙に一〇〇〇年もさかのぼることになる。南溝手遺跡出土の土器胎土からは、イネと共にアワ、ヒエなどの雑穀が含まれているキビ属のプラント・オパールも検出されていることから、この時期の稲作は畑稲作の可能性を示唆している。

縄文遺跡からのメッセージには、プラント・オパールだけではなく、生物の親から子に伝えられる遺伝子情報を担っているデオキシリボ核酸DNAからのメッセージもある。縄文時代晩期の菜畑《なばたけ》遺跡からの炭化米・イネのDNA分析データは、静岡大学の佐藤洋一郎により、熱帯ジャポニカであることがわかった(2)。

三内丸山遺跡からは多量のクリの殻が出土した。また、同遺跡から出土したクリを素材にした六本柱の何本かは直径一メートルを越すものがあった。このような大きなクリの木はあったのだろうか。だが、現存する最大のクリの木は群馬県新治村《にいはるむら》にある幹周囲七・三メートル（直径二・三メートル）、高さ一八メートルの大木であることから、縄文時代のクリの大木は十分に考えられるものなのである。

一九九六年、佐藤洋一郎は五五〇〇年前の縄文遺跡のクリの実からDNAを取り出した。DNAは極微量しか取れないので、DNAを増幅する反応であるポリメラーゼ連鎖反応（PCR）を行ないDNAの塩基配列を調べ、野生のクリのDNAと比較をした。その結果、三内丸山遺跡のクリは確かに栽培されたものであることを強く示唆する結果が得られた。

「縄文農耕の証拠」をどう見るか

先述の池橋宏は『稲作の起源』(3)の中で、縄文土器のイネモミ痕は疑問であると述べている。藤原宏志の縄文土器中のイネのプラント・オパールの検出について、肝心の植物遺体の痕跡や栽培の跡などがないということを考慮すると、これらのデータの意味は理解できない、と述べている。さらに、日本のような湿潤、多雨のところでは、雑草の発生がはげしいので、きわめて収量の低い畑作の雑草防除に膨大な労働力を投入することは考えられない、そしてさらに、土壌学者の久馬一剛の説明にあるとおり、東北日本では黒ボク土の強酸性でアルミニウム活性が高いこと、西南日本では黒ボク土とともに丘陵や段丘の赤黄色の土壌などで畑作土壌による作物生産はいずれも困難であることなどからも考えにくい。したがって、縄文農耕の考古学的証拠は鑑定の誤りと結論された。

佐藤洋一郎の古代イネのＤＮＡ鑑定による熱帯ジャポニカとの判断についても、生育期間が長く、茎が太く根が長いといった畑で栽培される熱帯ジャポニカの形質に正確に対応する一群のＤＮＡ標識を見出し、それらが、遺跡からでるイネには存在し、現在のイネにはないことを証明しなければならない、と池橋は指摘し「遺跡からの熱帯ジャポニカの発見」というのは拡大解釈ではないかと述べている。(3)

越の敗亡と弥生稲作の始まり

中国の戦国時代の動乱と越の敗亡が、越の南部への移動をもたらし、またその一部が日本に渡来した可能性が考えられている。

越王勾践は紀元前四七三年に呉王夫差を破り、呉を滅ぼした。越の全盛時代であった。のちに、越は楚の威王によって滅ぼされた（紀元前三三四年）。この敗北をきっかけに、百越といわれた大小の越の種族の国々がちらばった。敗北した越の人々は「江南の海の浜で暮らした」といわれたように、船で移動することを得意としていたので、河川にそって水田稲作を展開した。日本の博多湾の奥の板付遺跡も、その一例である。

一九七八年に、日本で最初に発見された環濠集落遺跡である板付遺跡の発掘から、縄文後期の土器とされる夜臼《やうす》式土器と一緒に、農具、炭化米、井堰などをともなう水田稲作の跡が発見された。翌年、唐津市菜畑遺跡でも同様の遺跡が発見された。夜臼式土器は、一九五一年福岡県新宮町《しんぐうまち》夜臼遺跡から発掘された刻み目をもつ突帯文土器に与えられた形式名で、西北九州の縄文土器の晩期のものとみられている。板付I号式土器は、一九五一年―一九五四年に福岡市板付遺跡から発掘された甕《かめ》と壺のセットに与えられた形式で、従来の弥生式前期土器＝遠賀《おんが》川《がわしき》式土器の中の最古のものである。(3)

水田稲作ははじめからほぼ完成された姿で伝来したことが広く認められている。池橋によると、水田稲作は、農耕としては奇跡的に優れていて、生産力の高いものであった。そして、弥生式土器の形式は、朝鮮半島にみられた無文土器の様式と同じ流れに属すものと理解される(3)、とある。

倭　族

わが国の弥生人（倭人）は稲作を伴って長江下流域から渡来したといわれている。この地からは多くの民族が各地へ移住し、稲作と高床式住居を生活の基盤とする独自の文化を継承してきた。鳥越憲三郎[(6)]は、彼らを「倭族」という新しい概念で捉えている。

鳥越によると、日本列島に渡来した倭人の「倭」の古音は「ヲ、wo」であるという。中国では至極簡単に類音異字を用いる。したがって、「越」も「倭」も同じで、越人とは倭人のことであるということになる。

稲作と麹菌

縄文後期から弥生時代にかけて、水田稲作技術は日本列島にはやい速度で伝播・拡散した。水田稲作には連作障害がない特色がある。単位面積あたりの収穫量の多さは他の作物に見られない特色である。そして、日本列島の気候風土は水田稲作を受け入れるのに極めて適した立地条件を備えていたことである。

温暖といわれている日本列島の気候風土も、ひとたび台風や、津波の来襲をうけると、その風水害の被害は著しく大きかった。これらの天災を荒ぶる神の行いと考え、この被害を少しでも軽くと祈ったのが古代の人びとであった。日本の土着のもっとも古い宗教は多神教で、自然のすべてがそれぞれ神であるという信仰であり、それはいまだに残っている。神に捧げた供物・神饌《しんせん》に稲・米・餅などがはいっていた。米由来のものには、カビがつきやすい。なかでも、気候風土の関係で麹菌は米にもっとも相性の良いカビである。麹菌のもつ米成分の分解能力の強さと、その安全性が麹菌選抜の決め手となったのであろう。

第三章　古代社会と酒

果実酒

日本の最古の正史である『日本書紀』(1)は舎人《とねり》親王らの撰により養老四年（七二〇）に完成した、神代から持統天皇までの朝廷に伝わった神話である。ここには、荒ぶる神・素戔嗚尊《すさのをのみこと》が八岐大蛇《やまたのをろち》を酒に酔わせ退治した物語がある。『日本書紀』の一書《あるふみ》（第二）には、次のように記されている。

「汝《いまし》衆菓《あまたのこのみ》を以て酒《さけ》八《や》甕《はら》を醸《か》め。吾当《われまさに》汝が為《ため》に蛇《をろち》を殺《ころ》さむ」

「衆菓《あまたのこのみ》」を果実と解すると、古代の日本列島に果実酒があったということになる。

『日本書紀』の注釈(1)によると、衆菓《あまたのこのみ》は「果実によって作る酒。梅酒・葡萄酒など。」とある。『広辞苑』には、「菓」について、「木の実。くだもの。果。」とある。『日本書紀』の一書（第二）にある「衆菓」は、もし「果実」であったならば、一書（第二）による素戔嗚尊が大蛇を酔わした酒は、まことに、「果実酒」であったということになる。

なお、果樹園芸学からは、日本列島には野生のブドウ（エビヅル、ヤマブドウなど）が自生していたようである。(2)さらに、東北地方北部の青森県三内丸山遺跡と秋田県池内遺跡で検出された約四八〇〇―五〇〇〇炭素年前の縄文時代前期のニワトコ属主体種実遺体群の産出状況と内容は、東京大学大学院の辻誠一郎により『酒史研究』誌に発表された。(3)三内丸山遺跡では台地斜面の堆積物の中に種実遺体からなる層（総量約二七〇リットル）が検出された。池内遺跡では狭い谷底の堆積物の中に種実体のみからなる塊が一一個検出された。塊の総量は七リットルであった。塊の周囲は細かな繊維状植物により包囲されていたので、絞り漉された残滓であることが明らかになった。二つの遺跡の種実遺体はともに、ニワトコ属（*Sambucus*）が最優先し、クワ科（*Morus*）、キイチゴ科（*Rubus*）、マタタビ科（*Actinidia*）、キハダ（*Phellodendron amurense*）、ブドウ属（*Vitis*）、ミズキ（*Swida controversa*）、タラノキ（*Aralia elata*）を共通に含んでいた。現時点では漠然とではあるが、縄文時代における果実酒酒造の可能性が示されたものといえる。

口嚼《くちかみの》（噛）酒《さけ》

和銅六年（七一三）、元明天皇の詔によってつくられた『風土記』(4)のうち、常陸の国司から太政官（または民部省）に提出された『常陸国風土記』によると、当時の人びとの酒を飲み歌舞にふけるさまが、次のように記されている。

また、毎年四月十日には、お祭をして酒宴をひらく。卜部《うらべ》氏（神祇官に属して卜占を職とするもの。中臣の雷臣《いかつかみ》から出たという。）の同族の人たちは男も女もみな集会し、日々夜々酒を飲んで歌舞の楽しみにふける。そのうたう歌にいう。

あらさかの（あたらしいの意、新しく醸した酒を讃えて）　神のみ酒を
飲《たげ》と　言いけばかもよ
我が酔いにけむ

古代の日本人が嗜《たしな》んだ酒は、どのようなものであったのだろうか。『風土記』のうちの『大隈国風土記』逸文に次の文がある。(5)

大隈ノ国ニハ、一家ニ水ト米トヲマウケテ、村ニツゲメグラセバ、男女一所ニアツマリテ、米ヲカミテ、サカブネニハキイレテ、チリぐ〵ニカヘリヌ、酒ノ香ノイデクルトキ、又アツマリテ、カミテハキイレシモノドモ、コレヲノム……

この酒は、口嚼《くちかみの》（嚙）酒《さけ》である。口嚼（嚙）酒は東南アジア系の非漢民族である越人によって稲作とともに南方系の狩猟、採取、漁撈文化に伴って古代日本に渡来した酒造りの方式としてとらえられている。

じつは、口嚼（嚙）酒のつくり方は、沖縄の石垣島に今も伝わっている。昭和五一年（一九七六）に自らの体験を語った宮城文の「嚙神酒《カンミシ》」(6)によると、硬く炊いた飯とその一割相当の生の米粉を嚙み、唾液のデンプン分解酵素による糖化と、生米由来の酵母の利用により自然発酵させたということである。「ミシカン人（ピイトウ）」（本土でいう造酒童子）は歯の丈夫な妙齢の女が選ばれたということである。

カビの酒

和銅六年（七一三）の詔に基づいて撰進された『播磨国風土記』によると、神代に遡ってカビによって酒を醸したと推定されるくだりがある。(7)

大神の御粮《みかれひ》（または糧）枯れて梅《かび》（または糆）生えき　即ち酒を醸《かも》さしめて　庭酒に献《たてまつり》て宴《うたげ》しき

米飯《めし》にカビが生えたものは、古く「加無太知《かむだち》」または「加牟多知《かむだち》」と呼ばれた。

神代に遡って、記紀の中に記されている酒の醸造を考えてみると、『日本書紀』では、「八醞《やしほをり》の酒」、『古事記』では「八塩折の酒」と記されている酒がある。『日本書紀』の注釈(1)によると、「「醞」は、説文に「醸也」とある。また、重ねてかもす意。」と記されている。「八醞の酒」は幾回も繰り返して醸したよい酒のことである。素戔嗚尊《すさのをのみこと》は八岐大蛇《やまたのをろち》を退治し、国神《くにつかみ》である脚摩乳《あしなづち》・手摩乳《てなづち》そして、その童女《をとめ》の奇稲田姫《くしいなだひめ》を助けるために、「八醞の酒（八塩折の酒（記））」を作らせた。そして、八つの（酒《さか》）槽《ぶね》に酒をいれ大蛇を待った。なお、『古事記』には、「高志之八俣遠呂智」と記され、酒を飲み酔い伏し寝た後に「蛇《をろち》」の文字が使われている。

それにしても、八岐大蛇を退治するために醸造した『日本書紀』の正文中にある「八醞の酒」あるいは、『古事記』の「八塩折の酒」の量は大変なものであったものと考えられる。神代の時代にすでに、このような大量の酒を造る技術はあったのであろうか。建国神話として、『日本書紀』あるいは『古事記』を見るのではなく、古代技術を歴史的に考えるのも大変に面白いことではないだろうか。酒の製造論的に考えるならば、『日本書紀』の正文中にある「八醞の酒」、幾回も繰り返して醸された酒は、カビにより造られた酒と推定される。口嚼（噛）酒とは考えられない。

ただ、『日本書紀』巻第一、一書《あるふみ》（第二）にある、「衆菓《あまたのこのみ》」を果実と解すると、果実酒ということになる。さらに、一書（第三）には、素戔嗚尊は「毒酒」を醸《か》みて飲まさせたとある。しかし、一書（第二）、一書（第三）からは、幾回も繰り返して醸された酒というイメージは得られない。したがって、『日本書紀』の正文に記された「八醞の酒」は、カビを使用して醸造した酒と考えるのが一番良いと思われる。

なお、養老四年（七二〇）に完成した『日本書紀』全三十巻は、森博達の研究(8)によると、その記述に用いられた漢字の音韻や語法を分析した結果、渡来中国人が著したα群と日本人が書き継いだβ群の混在が浮き彫りになってきた。α群は正音（唐代北方音）により音訳され、基本的に正確な漢文により綴られているのに対して、β群には漢語・漢文の誤用が遍在し、述作の姿勢や発想が根本的に相違するのだそうだ。「神代記」の一部と巻四の「綏靖紀」は正格漢文で綴られた箇所が顕著のようだ。

八岐大蛇《やまたのをろち》伝説にある「八醞の酒」周辺の詳細な検討がまたれる。

ところで、ヤマタノオロチ伝説について、興味深い考えが窪田蔵郎著『鉄から読む日本の歴史』(9)に記されている。

朝鮮半島から渡来したオロチョンとか高志族とかいわれる製鉄民族に、砂鉄の鉱区を奪われそうになった製鉄人手名椎、足名椎の老夫婦が、須佐之男命に依頼してこの侵略者を倒した。そして鉱区を確保するとともに、須佐之男命はオロチがもっていた権威の象徴の太刀を獲得して、これを天叢雲剣という名をつけ、皇祖に献上した。

この論考は、つぎに続く。

日本の各地にあった隠れ里伝説に、竜神信仰がからんだものが母胎となり、それに、後世にいたって、鉄器文化の発生談を結びつけて考えられるようになったのではなかろうか。そして、このような話を全国各地にひろめたものが、ほかならぬ、砂鉄や木炭用の薪を求めて放浪した金屋集団、たたら師や鍛冶屋、鋳物師などの一行だったのである。

金属結晶学を専攻された桶谷繁雄[10]によると、次のことが述べられている。

出雲（島根県）の砂鉄は、燐、硫黄、銅が著しく少ない点である。これは後に述べるが、鋼にとって、燐、硫黄は大きな害を与え、後の精錬過程で除去できないために、鉱石としては少なければ少ないほど良いといえる。出雲の砂鉄は、まさに、この要求に合致したものであって、青森県三沢や北海道中ノ沢で産する砂鉄とは、この点でいちじるしく異なっている。（中略）

鋼一トンを得るためには、砂鉄十二トン、木炭十四トンが必要であったといわれる。したがって、昔のひとがやったタタラ一回で得られる大塊を二トンとすれば、砂鉄は二十四トン、木炭は二十八トン必要となる。木炭二十八トンのためには、薪は百トン近くを切らねばならなかったに相違ない。（中略）

また、製鉄関係の人間は特殊技能者であり、一つの仕事をするためには最低何人かの人数が絶対に必要である。そういう人達がグループを作り、長い間には変化したであろうが、彼等特有の言葉を持ち、風俗習慣を持つとすれば、土着の人々から嫌われるのも無理はないであろう。

酒は神の憑代

酒は昔から神がつくるもので、酒は「神の憑代《よりしろ》」と考えられてきた。[11] 憑代は依代とも書く。神霊が招き寄せられて乗り移るものである。古代では酒は自家醸造であったから、大変に貴重なもので、酒には魂が込められていると考えられてきた。したがって、酒の贈答は魂の贈答であったわけである。なお、酒を贈るときは、肴《さかな》として「のし鰒《アワビ》（鮑）」が添えられた。のし鮑は、アワビを薄切りにして乾燥させたものである。のし鮑は脇役であったのだが、年が経るにつれ、のし鮑を贈れば酒をおくったとされるようになった。さらには、のし鮑が「熨斗《のし》」となり、そして簡単に「のし」となった。簡略化とともに、自分の魂の一部を贈るという意識のほうも薄れてしまったということである。以上が「のし」の由来である。(11)

「魏志倭人伝」の記録

日本の古代の人と酒の関わりについては、中国正史のうち三世紀の『三国志』のひとつ『魏書』巻三十・東夷人伝倭人条、通称「魏志倭人伝」(12)にある。

始め死するや停喪《ていそう》十余日、時に当りて肉を食わず、喪主哭泣《こくきゅう》し他人について歌舞飲酒す。その会同・座起には、父子男女別なし。人性酒を嗜む。大人の敬する所をみれば、ただ手を搏《う》ち以て跪拝《きはい》に当つ。その人寿考《じゅこう》、あるいは百年、あるいは八、九十年。（後略）

この「魏志倭人伝」[12]の記録は、日本の酒に関する最も古い記録である。そして、倭の人びとの長命のさまが記録されている。

神代近くに探る日本の酒

四世紀初頭に実在したことが確実視される崇神《しうじん=すじん》天皇は『日本書紀』[1]に「御間城入彦五十瓊殖天皇《みまきいりびこいそにゑのすめらみこと》」、崇神紀一二年九月条に「御肇國天皇《はつくにしらすすめらみこと》」といわれる。

日本の酒を神代の近くに探ってみる。

『日本書紀』[1]巻第五の崇神天皇紀によると、

八年の夏四月《なつうづき》の庚子《かのえね》の朔乙卯《ついたちきのとのうのひ(十六日)》に、高橋邑《たかはしのむら》の人活日《ひといくひ》を以《も》て、大神《おほみわ》（大物主大神＝大三輪の神の意）の掌酒（掌酒、此《これ》をば佐介弭苔《さかびと》（神に奉る酒を管掌する人）と云《い》ふ。）とす。

冬十二月《ふゆしはす》の丙申《ひのえさる》の朔乙卯《きのとのうのひ(二十日)》に、天皇《すめらみこと》は大田田根子《おほたたねこ》を以《も》て、大神《おほみわのかみ》を祭《いはひまつ》らしむ。是《こ》の日に、活日《いくひ》自《みづか》ら神酒を挙《ささ》げて、天皇に献《たてまつ》る。仍《よ》りて歌《うたよみ》して曰《い》はく、

此《こ》の神酒は　我《わ》が神酒ならず　倭成《やまとな》す　大物主《おほものぬし》の　醸《か》みし神酒　幾久《いくひさ》　幾久《いくひさ》

幾久は、幾世まで久しく栄えよ栄えよと、いう意味である。

このようにして、神宮《かみのみや》に宴をもった。宴が終わって、諸大夫等《まへつきみたち》は歌った。

味酒　三輪《みわ》の殿《との》の　朝門《あさと》にも　出《い》でて行《ゆ》かな　三輪の殿戸《とのと》を

一晩中酒宴をして、三輪の社殿の朝開く戸口を通って帰って行こう、という意味である。

天皇は

味酒　三輪《みわ》の殿《との》の　朝門《あさと》にも　押《お》し開《びら》かね　三輪《みわ》の殿門《とのと》を

三輪の社殿の戸を、朝になってから押し開いてお帰りなさい、という意味である。

以上の歌謡は四世紀に実在したとされる崇神天皇の時の酒宴のさまを良く伝えていると思う。活人の歌は、主人側が酒をたたえて酒宴をはじめる歌謡であり、諸大夫等の歌は客人が酒を賞す歌謡で、崇神天皇の歌は主人側の接待の歌謡である。日本の古代の酒宴の形式・作法を示しているもので、大変に興味深いものがある。

崇神天皇六二年の秋七月《あきふみづき》の詔《みことのり》に、「農《なりはひ》は天下《あめのした》の大きなる本《もと》なり。民《おほみたから》の恃《たの》みて生《い》くる所なり。……」、とある。このことを、歴史学者・三浦周行はすでに大正八年（一九一九）から翌年にかけて行われた講演を元にした著書『国史上の社会問題[13]』の中で次のように取り上げている。

当時人民を「大御宝《おおみたから》」といったのも農民を意味して居る。即ち社会進歩の出発点たる狩猟遊牧の時代はすでに過ぎて、農業時代に入っていたのであるから、彼らの間には殺伐なる気風余りなく、各人平和に楽しき生活を送りつつあったようである。それには当時各氏族の社会生活上に主要な働きをなしつつあったことが大いに与《あずか》って力のあったことと思われる。

『万葉集』の時代

『万葉集[14]』はわが国最古の歌集である。全二〇巻、四五三六首の和歌からなる歌集である。和歌の内訳は、長歌二六五、短歌四二〇七、旋頭歌六二、連歌一、仏足石歌一からなる。和歌は表音文字にすると五文字と七文字からなる句が基本単位である。その組み合わせによって、短歌、長歌、旋頭歌となる。『万葉集』二〇巻の編集は、一貫してなされたものではない。次のように分けられている。勅撰である巻一、巻二より巻七までが、『万葉集』の第一部を構成している。第二部は巻八より巻一六までである。このなかの巻一四は東歌《あずまうた》である。巻一七より巻二〇までは、大伴家持《やかもち》（七一七？—七八五）の歌を中心に年月順に配列されている。

『万葉集』の巻一の歌は雄略天皇（泊瀬朝倉宮御宇天皇《はつせのあさくらのみやにあめのしたしらしめししすめらみこと》・大泊瀬稚武天皇《おほはつせわかたけのすめらみこと》）（在位四五六―四六五～四七九）の御製からはじまる。

籠《こ》もよ　み籠《こ》持ち　ふくし（掘串）もよ　みぶくし持ち　この丘《をか》に　菜摘《なつ》ます児《こ》　家聞かな　名
告《の》らさね　そらみつ　やまとの国は　おしなべて　吾《われ》こそをれ　しきなべて　吾《われ》こそませ　我こ
そは　告《の》らめ　家をも名をも　（雄略天皇　巻一―一）

なぜ、雄略天皇の歌から始まっているのかについて、歴史学者、岸俊男は次のように述べている。(15)

『万葉集』の成立過程を考えますと、まず巻一・巻二あるいは勅撰に準ずるような歌集が作られました。その時期は奈良に都が移ったころと思いますが、巻一・巻二をひっくるめた歌集ができあがったときに、その巻頭を雄略天皇の歌で飾ろうという意識があったわけです。

奈良朝の人びとの意識の中では、雄略天皇は過去の天皇のナンバー・ワンとしてとらえられていたということである。さらに岸俊男は、雄略天皇の御製は、歌体からいうと五世紀の歌ではなく、歌としてはもう少し時代のさがるものであると述べている。そして、後に作為的に雄略天皇の御製として仮託されたものであるということである。

万葉学者の中西進によると、雄略天皇の巻一―一の歌は本来、春の野遊びの歌が、雄略物語にとりいれられた一首であるということである。その際「そらみつ……われこそ座《ま》せ」が挿入されたということである。(16)

なお、中国の史書にある五人の倭王、讃《さん》、珍《ちん》(弥)、済《せい》、興《こう》、武《ぶ》のうち、最後の武は五世紀に在位した雄略天皇にあたるといわれている。(17)

『万葉集』時代の酒

『万葉集』の酒の歌で、興味深いものを選び掲げる。

味酒《うまさけ》を三輪《みわ》の祝《はふり》がいはふ杉
　手触《てふ》れし罪か君にあひがたき
(丹波大女娘子《たにはのおほめをとめ》　巻四―七一二)

味酒《うまさけ》三輪の祝《はふり》が山照らす
　秋のもみちの散らまく惜《を》しも
(長屋王　巻八―一五一七)

味酒《うまざけ》の三諸《みもろ》の山に立つ月の
　見がほし君が馬の音《おと》ぞする
(巻一一―二五一二)

『万葉集』の時代には、「味酒」と書き「うまさけ」と表現していた。「味酒」は「三輪」や「神」にかかる枕詞である。三輪山は遠く崇神天皇の昔から、大和の国霊《くにたま》を代表する山とされてきた。

齋串《いぐし》立て神酒《みわ》坐ゑ《す》奉る《まつ》神主部《かむぬし》の
うずの玉かげ見ればともしも
（巻一三―三二二九）

「神酒《みわ》」は神酒《みき》の古名である。

中臣《なかとみ》の太祝詞言《ふとのりとごと》ひ祓《はら》へ
贖《あが》ふいのちも誰《た》がために汝《なれ》
（大伴宿禰家持　巻一七―四〇三一）

大伴家持の酒を造る歌一首である。

天地と久しきまでに萬代に
仕へまつらむ黒酒《くろき》白酒《しろき》を
（文室智努真人《ふみやのちのまひと》　巻一九―四二七五）

文室智努真人は長屋王の子、智如王である。天平宝字五年に姓を賜った。黒酒、白酒は禁裏にて天子の代替わりの神事・大嘗会《だいじょうえ》の酒である。白酒は白濁の酒、黒酒は、クマツヅラ科の落葉小高木、臭木《くさぎ》（久佐木）の根の蒸し焼灰を加え、酸を中和した濁り酒である。

大宰帥《だざいのそち》大伴卿（大伴旅人〈六六五―七三一〉）は酒を讃《ほ》むる歌十三首（巻三―三三八―三五〇）を詠んでいる。五首を掲げる。

験《しるし》なき物を思はずは一坏《ひとつき》の濁れる酒を飲むべくあるらし
なかなかに人とあらずは酒壺になりにてしかも酒に染《し》みなむ
価《あたひ》なき宝といふとも一坏《ひとつき》の濁れる酒にあに益さめやも
今の代にし楽しくあらば来《こ》む生《よ》には虫に鳥にも吾はなりなむ
もだりをりて賢《さか》しらするは酒飲みて酔泣《ゑひなき》するになほ若《し》かずけり

奈良時代の歌人、大伴旅人は安麻呂の子で、家持の父である。旅人は代々宮廷を守ってきた生粋の貴族だったが、六〇歳を越してから大宰帥として筑紫に赴任した。赴任後まもなく愛妻を亡くした。旅人の「酒を讃《ほ》むる歌」には、望郷の思いと、妻を亡くした悲しさ、そして名門大伴家の没落といったやりきれなさが隠されている。別な見方をすると、千年以上も前に酒の薬理効果を正しくそして鋭く指摘している歌ともとれる。

君がため醸《か》みし待酒《まちざけ》安《やす》の野に
ひとりや飲まむ友無しにして
（大宰帥《だざいのそち》大伴旅人　巻四―五五五）

大伴旅人が大弐《たち》丹比縣守卿《ひのあがたもり》の民部卿に転任の際に贈った歌である。

わが苑《その》に梅の花散るひさかたの天《あめ》より雪の流れ来《く》るかも
（大伴旅人　巻五―八二二）

梅の花夢《いめ》に語らく風流《みやび》たる花と吾《あれ》思ふ酒に浮《うか》べこそ
（大伴旅人　巻五―八五二）

天平二年（七三〇）正月一三日、帥《そち》の老《おきな》の宅《いへ》で観梅の宴が開かれた。三二首の歌（八一五―八四六）がうたわれた。後に四首が追加された。追加された最後のものが巻五―八五二の歌である。この歌（八五二）の四・五句は一説には、「いたづらにあれをちらすな酒に浮べこそ」とある。この歌では、「酒」は「左気」と万葉がなで記されている。

官《つかさ》にも許し給へり今夜《こよひ》のみ飲まむ酒かも散りこなすゆめ
（巻八―一六五七）

この歌は、酒が禁制となり京中で集宴することができなくなったのだが、ただ親族間で酒を楽しむのは願い出により聴許するということにこたえた歌である。

皇神祖《すめろき》の遠《とほ》御世御世はい布《し》き折り
酒《き》飲みきといふぞこのほほがしは

（大伴宿禰家持　巻一九—四二〇五）

よじきれた保宝葉《ほほがしは》を見て、家持が歌ったものである。柏の葉は古代の食器であったから、柏の葉に食物を盛る人（＝料理人）は「カシワデ」（膳夫）という言葉となった。

さしなべに湯沸《わ》かせ子ども櫟津《いちひつ》の
檜橋《ひばし》より来《こ》む狐《きつ》に浴《あ》むさむ

（長忌寸意吉麻呂《ながのいみきおきまろ》　巻一六—三八二四）

『万葉集』の中で最も滑稽な歌を読んだのは長忌寸意吉麻呂であった。ある時、衆集まって宴飲《うたげ》をした時のことだった。夜漏《さよ》なかに狐《きつね》の声が聞こえた。集まった人びとは、奥麻呂（＝意吉麻呂）に、この饌具、雑器、狐の声、河、橋等の物に関《か》けて、但《ただ》、歌を作れという声に応じて作った歌である。『万葉集』時代にあった宴会の座興の歌である。

「さしなべ」は「さすなべ（鍋）」ともよむ。「さしなべ」は『広辞苑』によると、「「銚子」、弦と注《つぎ》口《ぐち》のある鍋、吊るしかけて酒などを暖めるのにもちいるもの。さすなべ」とある。名著『日本人の笑』[18]にも、「酒を煖める鍋の一種でしょう」とある。ここで、注目したいのは、『万葉集』の時代に、酒を煖（暖）めていたともとれることである。万葉時代の宴会にお燗をした酒で、座興を楽しんだ貴重な記録とも読める。

なお、外池良三著『酒の事典』[19]によると、「燗酒」の項に、

燗をした酒。古くは煖酒と書いた。この「かん」という意味は、熱からず冷たからず、その間という意味であるという。（中略）古い時代延喜式内膳司に土熬鍋《どごう》とあるは燗鍋─燗をするのに小さな銅鍋を直火で暖めた─とのことで、やはりこの頃から燗をしていたことはわかるが、今のように時をかまわずにはしなかったようで、『温古目録』には、「煖酒、重陽宴よりあたためて用うるよし、一条冬良公の御説にみえたり」とあり、重陽節（九月九日）の宴より後、秋冷気をおぼえてより冬の間はお燗をするようである。（後略）

の記載がある。

石麿《いはまろ》に吾物申《われものまを》す夏痩《やせ》に
　良《よ》しといふ物ぞ鰻取《むなぎと》り食《め》せ

痩《や》す痩《や》すも生《い》けらばあらむをはたやはた
鰻《むなぎ》を漁《と》ると川に流るな

（大伴宿禰家持　巻一六―三八五三、三八五四）

大伴宿禰家持は、酒というより酒の肴にかかわるウナギ（鰻）の歌を詠み戯《ざ》れ笑っている。万葉時代にすでに餞別の酒宴があった。

韓国《からくに》に往《ゆ》き足《た》らはして帰り来《こ》む
大夫建雄《ますらたけお》に御酒《みき》たてまつる

（多治比《たぢひ》真人鷹主《たかぬし》　巻一九―四二六二）

宮門を守る衛門《ゑもん》府の長官をしていた大伴古慈悲《こじひ》宿禰《のすくね》の家で、入唐副使の大伴胡麻呂《こまろ》宿禰《すくね》らに「餞《うまのはなむけ》」、すなわち餞別の宴をはった時の歌に「御酒」があった。

孝謙帝は勅使・従四位高麗《こま》朝臣福信《ふくしに》を難波に遣わし、入唐使藤原朝臣清河に酒肴を賜わった際の御歌、

空みつ　大和の国は　水の上《うへ》は　地往《つちゆ》くごとく　船《ふね》の上《うへ》は　床《とこ》にをるごと　大神の　鎮《しず》むる国ぞ　四《よつ》の船《ふね》　船《ふね》の舳《へ》並《なら》べ　平安《たひら》けく　早渡り来て　返言《かへりごと》　奏《まを》さむ日に　相飲まむ酒《き》ぞ　この豊御《とよみ》

酒《き》は　　　　　　　　　　　　　　（孝謙天皇　巻一九―四二六四）

末の二句「相飲まむ酒ぞ　この豊御酒は」は、「勅《みことのり》」の公式の文言である。聖武天皇が節度使に賜わった賜酒礼の歌（巻六―九七三）にも同じ末二句があった。

梯立《はしたて》の　熊来《くまき》酒屋《さかや》に　真罵《まぬ》らる奴《やっこ》わし

誘《さす》ひ立て　率《ゐ》て来《き》なましを　真罵《まぬ》らる奴《やっこ》わし　（能登国の歌　巻一六―三八七九）

「梯立《はしたて》の」は倉などの形容に用いる。「梯立の　熊来酒屋」は、「梯立の　熊来酒倉」の意味である。「真罵《まぬ》らる」は「どなられる」の意である。この歌は、万葉時代の奴婢《ぬひ》の労働歌であったろうということである。万葉時代に酒倉があったということは、酒造業がすでに成立していたことを示している。

造酒司と朝廷の酒

柚木《ゆのき》学の『酒造りの歴史』(7)に「造酒司《みきのつかさ》と朝廷の酒」の項の記載がある。

そして大宝律令（大宝元年〈七〇一〉刑部《おさかべ》親王・藤原不比等ら編）の制定により、法的な裏づけをもつことによって、この国家体制は完成した姿を示したのである。

こうした体制にささえられて、酒造業も中央の官営工房のもとに育成されていった。この酒造りを、坂口（謹一郎）氏は「朝廷の酒」[20]とよんでおられる。そして朝廷の酒は、禁裏造酒司における酒造者、神社付属の酒殿において酒造に従事する神人であった。しかもこれは利潤を対象とするものではなく、これらの従業者はその職務として、酒造りに従事するにすぎなかった。いわば一種の技術者であり、そのもとで働く労働者群であった。いまこうした朝廷の酒造りの実態を示してくれる文献としては、『令集解《りょうのしゅうげ》』（養老令を注釈した諸家の私記を集大成した書。九世紀後半、惟宗直本《ただむねのなおと》編）と『延喜式《えんぎしき》』（弘文式・貞観式の後を承けて編修された律令の細則。延長五年〈九二七〉撰進。康保四年〈九六七〉施行）をあげることができる。（中略）

……酒造りもこれと同じような制度のもとで行われ、役所としては、宮内省のうちの造酒司は、なかなかの高官であり、当時小国の太守や、大国の介（次官）と同等の正六位となっている。そしてその下にも、造酒佑とか造酒司長とかいった高等官僚がひかえていた。

実際に酒を造るのは、六〇人の酒部《さかべ》という品部の人たちである。酒部の出身は倭国（大和）に九〇戸、川内国（河内）に七〇戸、計一六〇戸である。このほか津国（摂津）にも二五戸あったが、これは主として酒をサービスする役にまわる家柄とされている。当時は春と秋にも酒を造っていたようで、かりに年三回造るとすると、現在の酒造にあてはめれば、これだけの人数だと少なくとも五〇〇〇石くらいは造っていたはずである。（中略）

これ（延喜式）によると、斎場《さいじょう》には、まず「酒殿《さかどの》一宇《う》。臼殿《うすどの》一宇。麹室《こうじむろ》一宇。」という配置の建物が設けられる。臼殿は精米場であり、春稲仕女四人、つまり米を搗《つ》くのは女の仕事であり、酒原料の米一石を四人の仕女が搗くことになっている。酒殿には酒を醸す甕がならべられ、また麹製造のための特別の麹室がつくられていた。

そこで造られる麹は、糵《よねのもやし（＝げつ）》という字で表される「ばら麹」で、これは現今の製法とまったくおなじであって、中国の酒の麹（注、麯子《きょくし》）とは異なるものである。

造酒司にみえる酒造原料米とそこでつくられる酒の種類を列記する。

御酒（十月に起こして醸造、旬を経て醞となる。四度に限る）

御井酒（七月下旬に起こして醸造、八月一日始めて供す）

擣糟《すりそう》

醴《れい》（醴酒は日に造ること一度、六月一日に起こして、七月三十日に尽す）

雑給酒

平安時代

平安時代は桓武天皇（在位七八一—八〇六）の平安遷都から鎌倉幕府の成立（寿永二年〈一一八三〉または文治一年〈一一八五〉）まで約四〇〇年の間、政権の中心が平安京、京都にあった時代である。政治的には律令制再興期、摂関期、院政期の三期にわけられる。

平安時代の歌集には勅撰の『古今集』をはじめたくさんのものがある。それらの歌の中で、日本の社会と文化に最も大きな影響をあたえたのは、鎌倉時代前期の歌人、藤原定家（一一六二―一二四一）撰定の『小倉百人一首』である。『小倉百人一首』は天智天皇の御製からはじまる。

秋の田のかりほの庵の苫《とま》をあらみ　わが衣手は露にぬれつゝ

「秋の田の」の出典は『後撰和歌集』秋中で、そこにはすでに「題しらず　天智天皇御製」とある。目崎徳衛の『百人一首の作者たち』[21]によると、次のように述べられている。

天智天皇は平安時代には皇室の祖先と仰がれていた。その証拠は契沖の挙げた「荷前」「国忌」の二つの儀礼である。荷前《のさき》とは年末に使者を全陵墓に派遣し、その年の諸国の貢物をお供えする行事である。荷《の》を霊前《さき》に奉るという意味である（『政事要略』）。その際、特定の陵墓に限り公卿《くぎょう》を首班とする使節団が任命され、天皇みずから建礼門に出御して儀式がおこなわれた。そうした特別の陵墓を「近陵」という。「近」は場所が都に近いという意味ではなく、天皇の近親という意味である（『古事記伝』巻二十）。（中略）

「国忌」とは天皇・皇后の忌日のことで、当日朝廷は儀式・政務を廃し、仏事がおこなわれた。

この行事は奈良時代からあったが、あまり国忌が多くなれば公務に支障を来すから、延暦十年（七九一）に五等親以外の国忌が整理され、その際称徳以前の天武系統の忌日はすべて廃止された。そして十世紀はじめの『延喜式』には、以後の改廃を経た九国忌が規定されているが、そこでも天智・弘仁・桓武三天皇の国忌は不動で、後世国忌が廃絶するまでかわらなかった。

にくきもの――清少納言のことばから

清少納言は平安時代中期の女房、清原元輔の女《むすめ》である。中古三十六歌仙の一人、『枕草子』(22)の作者である。その二八段に次の文がある。

〔二八〕　にくきもの　（前略）

また、酒のみてあめき、口《くち》をさぐり、ひげあるものはそれをなで、さかづき、こと人にとらするほどのけしき、いみじうにくしとみゆ。また、「のめ」といふなるべし、身ぶるひをし、かしらふり、口《くち》わきをさへひきたれて、わらはべの「こふ殿にまゐりて」などうたふやうにする、それはしも、まことによき人のし給ひしを見しかば、心づきなしとおもふなり。（後略）

『今昔物語集』にみる餅から造る酒

一二世紀に成立したといわれる『今昔物語集』(23)（編者、宇治大納言隆国か）の巻一九、第二一話に

「仏物の餅をもて造れる酒、蛇と見えたる話」がある。

今は昔、比叡の山にありける僧の、山にてさせることなかりければ、山を去りて、もとの生土《うぶすな》にて摂津の□国の郡に行きて、妻などまうけてありけるほどに、……

で始まる物語である。この僧が、法会などに用いた餅を多くいただいた。

……この僧の妻、この多くの餅を無益に子供にも従者共にも食はせむよりは、この餅の久しくなりて□たらむを、破《わ》り集めて酒に造らばやと思ひ得て、夫の僧に、「かくなむ思ふ」といひければ、僧、「いとよかりなむ」といひ合はせて酒に造りてむけり。

その後久しくして、酒ができたろうと妻が酒壺の蓋《ふた》を開けると、壺の中に大きな蛇や小さな蛇が壺いっぱいにうごめいていた。驚いた妻から聞いた僧は火をともして壺をのぞき、愕《おどろ》いて壺のまま遠くの広い野原に棄ててしまった。

その後一両日して、男三人がこの壺をみつけ、酒が入っているのを知り、いろいろあったのだが、結局、この酒を「実にめでたき酒にてこそありけれ」と飲んでしまった。僧は、後に伝え聞いて、罪の深きが故に蛇に見えたと恥じ、悲しがった。

この『今昔物語集』の説話にみられる酒のつくり方は、二番目の□の中に「かび」の字を入れるとよくわかる。この酒造法は、『播磨国風土記』の酒のつくり方とよく類似している。餅がカビたので、破《わ》り集め壺に入れ、水を加えて置いておいて、餅についたカビの糖化酵素により餅中のデンプンを糖化し、これを自然状態に付着していた酵母によりアルコール醗酵させたものと解釈できる。あるいは、カビそのものによるアルコール醗酵を利用したとも解釈できる。

古代の酒の復元——上田誠之助による実験考古学からのアプローチ

古代の酒はどのようなものであったのだろうか。上田誠之助は、遠い縄文時代の「口噛み酒」造りは糸引き納豆と同様に、民族の移動にともなって稲作とともに日本列島にやってきたと考えた。さらに上田は、縄文後期にやってきた縄文人は祭りの際に飲んだ酒、つまり「大隅国風土記逸文」に記録されている「口噛み酒」の伝統を残して、縄文人の消長とともに日本列島の片隅におしやられたと推論した[24]。

上田は、日本酒の起源を探るにあたり、神社に伝わる神に供える神饌《しんせん》に実験的な解析の焦点を当てた。「粢《しとぎ》（米を水に浸してやわらかくし、つき砕いてつくった食物）」と「神酒」にである。そして、出張のあいまに各地の神社をたずね、奄美大島の「ミキ」に出会い、琉球弧では一八世紀頃まで、口噛み酒が粢《しとぎ》を原料として造られていることを知った。また、全国の神社のうち約二〇社は粢《しとぎ》で神酒をつくっていたという報告を得た。粢《しとぎ》から口噛み酒をつくり、神酒にしたとの口伝のある神社は石川県の稲荷神社、福岡県の嘯吹《うそぶき》八幡神社、奈良県の浄見神社などである。米を原料にした酒造りで、最古の伝承のある神社は木花開耶姫《このはなのさくやびめ》(『日本書紀』=神吾田鹿葦津姫《かむあたかしつひめ》)=木花之佐久夜毘売(『古事記』)を祭神とする日向国二の宮の都万《つま》神社である。

『日本書紀』(1)によると、木花開耶姫による、酒造り、飯《いひ》造りのさまは、次のように記されている。

時に神吾田鹿葦津姫《かむあたかしつひめ》、卜定田《うらへた》を以て、号《なづ》けて狭名田《さなだ》と曰ふ。其の田《た》の稲《いね》を以て、天甜酒《あめのたむさけ》を醸《か》みて嘗《にひなへ》す。又渟浪田《ぬなた》の稲を用《も》て、飯《いひ》に為《かし》きて嘗《にひなへ》す。

口嚙み酒から麹を利用する酒にどのようにして変わっていったのだろうか。上田は次のように、推論を加えている。(24)

以上のように、中国大陸には、四〇〇〇年~三〇〇〇年前の「商」の国の時代から糵《げつ》(穀芽=よねのもやし)を使用して造った醴《らい(=れい)》と、餅麴を使用した麴酒があって、漢や呉による朝鮮半島への侵入、植民政策により、これらの酒づくりが朝鮮にはいり、高句麗、新羅、百済では、中国に勝るとも劣らぬ酒、醴がつくられるようになったのであろう。ついで、崇神天皇—応神天皇の御代、朝鮮から活日らの渡来人により糵による醴、餅麴による穀酒づくりが日本に渡来したものと私は推理している。

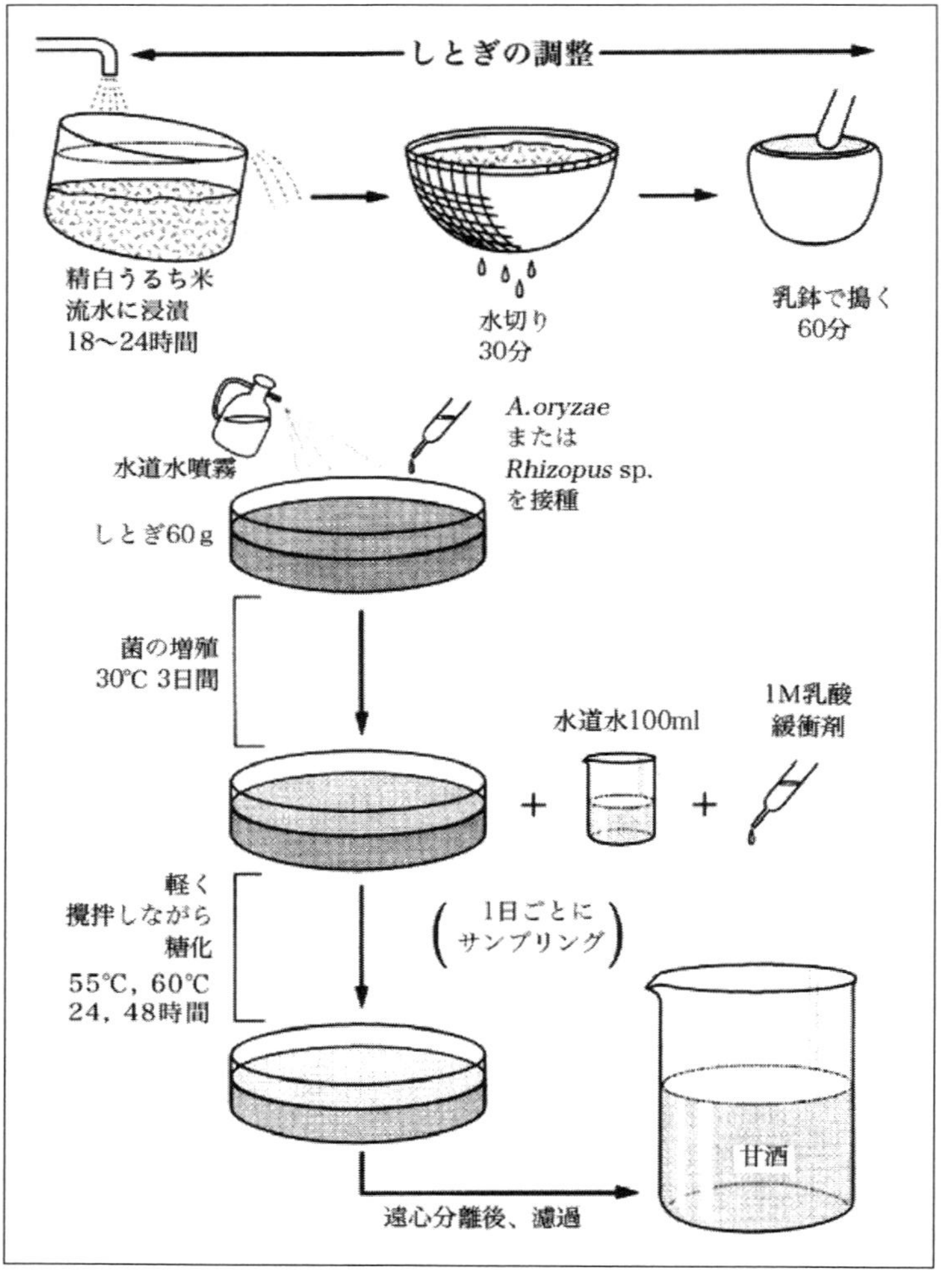

3–1 しとぎを用いた酒の醸造の手順
上田誠之助『日本酒の起源』八坂書房（1999）より

しかも、一〇世紀に成立した『延喜式』の「造酒司」の中で、糵《げつ》が米バラ麴を意味することから、紀元三～四世紀頃、朝鮮から渡来人によりもたらされた糵を用いての醴（一夜酒）づくりが、黄麴菌に汚染された芽米から、黄麴菌に汚染された蒸米、すなわち、米バラ麴へと変遷したものであろう。ここで行なった一連の実験によって、これらの仮説を証明することができたのである。

上田は、イネと麴菌の相性の良さについて次のように述べている。

確かに、酒づくりに使用される黄麴菌は学名がアスペルギルス・オリザエ（*Aspergillus oryzae*）で、これは稲の学名のオリザ・サティバ（*Oryza sativa*）に由来していることからも、黄麴菌が稲によくついていることは考えられる。

中国には米餅麴による酒造りがあるのに、なぜ日本には根を下ろさなかったのだろうか。上田は、粢《しとぎ》をつくり、これにカビを生やして餅麴として、酒を造る実験をした。この際、リゾープス属菌（クモノスカビ）とアスペルギルス属菌（麴菌）をくらべると、リゾープス属菌の餅麴でつくった酒の方が香味ともに良好で、パイナップルに似た香をもつ酒ができた。アスペルギルス属菌を用いて造った酒はカビ臭が鼻につき、また全体的にエキス分に乏しい酒であったとのことである。この結果から、餅麴を用いる場合には、リゾープス属菌に力を借りる方がよい酒ができるのだが、わが国にはこのようなリゾープス属菌が、あまり生育していないため、餅麹による酒造りは発展しなかったのであろうと、上田は考察を加えている。(24)

上田の『日本酒の起源』(24)には、世界各地のカビ酒とその起源がふれられている。ことのほか興味深いのは、南方モンゴロイド系に属すと考えられる南米のインディオはインカ帝国の時代にトウモロコシを用いた口嚙み酒「チチャ」を太陽神へ供していたことである。インディオは生のキャッサバを細かく砕き圧縮し直径約四〇センチ、厚さ二~三センチの円盤状に固めて蒸し、それにカビ付けをして餅麹をつくった。この餅麹に水を少し加えて固体醱酵させると、約一か月でアルコール醱酵して暗褐色の濁り酒ができた。ポルトガル人が入植するまでは、そのまま飲んでいたのだったが、その後は蒸留したティキラ（Tiquilia）として飲んだ。太陽神を崇拝する南方モンゴロイドの系統のインディオがカビの酒を造っていたことは、国際的な視野における民族学的にもきわめて興味深いことだ。

第四章　中・近世の人と酒

中世の酒屋

古代社会において、律令制による中央の官営工場のもとに育成された酒造工業技術は、国家＝中央の力が弱まるにつれ、地方に成長してきた領主層がその主な担い手となった。(1) 鎌倉時代には、政府に近いほど大きな権力をもつ寺院が多かったので、酒造りは僧坊酒造業として発展した。以下に、柚木学の『酒造りの歴史』を引用する。

このような酒造業の広汎な発展に対して、鎌倉幕府（一一八三または一一八五）は一軒に一個ずつを残し、残りの酒壺を破却して沽《こ》（沽＝うる、かう）酒を禁じ、また諸国の市酒を禁ずる政策をうちだし、以来「沽酒之禁《こしゅ》」は鎌倉幕府の伝統的政策となった。

一四世紀になり、荘園が武家により侵蝕されつつあった公家は荘園年貢にかわる有力財源を酒屋にもとめるにいたった。最初は、新日吉社造営料として、また神輿修理費のために、正和（一三一二―一六）・元亨（一三二一―二三）・建武（一三三四―三五）の時代にわたり、洛中ならびに河東（加茂川東岸）の酒屋に対し、臨時に課税の徴収の勅許を求めたのがはじまりである。

即位四年目の元亨元年（一三二一）、後醍醐天皇（在位一三一八―三九）（一二八八―一三三九）は、父・後宇多上皇の院政を廃止し、院庁にかわる天皇の政務機関・記録所を復活させ、建武親政を開始した頃にあたる。後醍醐天皇の政治意欲が最終的にめざしていたものは、即位一七年目に実現した公家一統政治であきらかになった[2]。

貞治年中（一三六二―六七）には、大外記（造酒正）中原師連の申請により酒麴売課役を課した。後円融天皇の即位に対し、足利幕府は諸国に段銭を課するとともに、土倉《どそう》（質屋）から一軒ごとに三〇貫文、酒屋（酒造業者）から酒壺一つにつき二〇〇文ずつを借用という名目で徴収した。土倉は土倉をもつ商人で、当時の商人中のトップクラスに属するものであった。

一四世紀ころより、商品生産としての酒造りが本格化した。室町幕府の財政を支えていた主なものは、酒屋土倉に対する税で、明徳四年（一三九三）に法的な明文化がなされている。応永三二年（一四二五）における洛中洛外の「酒屋名簿」には、合計三四二軒の造り酒屋が登録されており、その大半は土倉も経営していた。今日、北野神社に伝わっている。

京都に酒屋が発展した要因は、一に酒米の確保、二に酒麴で、酒麴の製造・販売の特権は北野神社に属する座衆が独占していた。地方では、河内天野山金剛寺・大和菩提山寺・中川寺・近江百済寺などがあったが、なかでも天野酒は室町時代の公家・武家・僧侶などの支配階級のあいだで評判のたかかったものであった。天野酒とならぶ僧坊酒は大和国菩提山寺の酒であった。

僧英俊らの『多聞院日記』と醸造技術

奈良興福寺に属する多聞院の僧、塔頭《たっちゅう》英俊（一五一八―九六）ら三代にわたり書き継がれた日記が『多聞院日記』である。(1)(3) 文明一〇年（一四七八）から元和四年（一六一八）までの百数十年間の、戦国時代の社会経済に関する第一級の史料である。

中世の僧坊酒の製造によると、(1) 当時は旧暦の二月と九月の二回つくられ、それぞれ夏酒・正月酒と称されてきた。中世の酒造の主力は夏酒であった。その醸造方法は、酛《もと》造り・初添・仲添・留添の三段掛法を採用していた。

夏酒では、酛造りと初添の間に一五、六日余の期間をおき、初添より仲添の間は約一〇日間、留添は仲添の翌日行っていた。酒あげは留添より約二〇日間を経過した後であった。

正月酒では、酛造りと初添は約七、八日間をおいて、初添・仲添・留添は連日これを行っていた。夏酒・正月酒のそれぞれの醸造日数が異なっているのは、おそらく温度の差による醗酵度合いの変化によるものであろう。この一六世紀半ばにおいて、醪《もろみ》中に掛け米を三回に分けて仕込む三段掛法が行われていたことは、注目すべき日本酒（清酒）醸造技術の発展であろうと柚木は考えている。(1)

そして、永禄一二年（一五六九）に、「酒上了、ツホ（壺）一ツニ袋十八ニテ皆上了」と、醗酵終了した醪味を酒袋に入れて濾過をしていることがわかる。さらに、五月二〇日の条に「酒ニサセ了、初度」と、酒を「ニル」、つまり低温殺菌をしていることが記載されていた。[1] 今日、近代微生物学における「低温殺菌法」はフランスのパスツールにより一八六五年にワインの防腐技術として開発されたが、なんと約三〇〇年前に日本の酒造技術において開発されていたことであった。ちなみに、永禄三年（一五六〇）は織田信長が今川義元を討ち滅ぼした年であった。そして、永禄一一年（一五六八）は信長が足利義昭を擁して上洛し、足利幕府を再興した。

今日の日本酒（清酒）酒造の原点とも考えられる「諸白《もろはく》」の文字は、文禄五年（一五九六）の条にある。[1]「ヒセンヨリモロハクノ事申上間、クホ転経院ニテ、三升カヘニ、一斗五升コナカラ取ニ遣ス。代米四斗七合済セ了ル。」ヒセンは火煎酒で、酒焚きを終えた夏酒のことであり、モロハクは、いわゆる「諸白」で麹米・醪米（掛米）ともに白米でつくられた冬酒（正月酒）のことを示し、おなじ三段掛仕込みでつくった酒でも、諸白が火煎よりも品質上位の酒として、尊重されていたことがわかる内容である。火煎酒よりも、諸白酒がほしいと希望して、酒一升を米三升の割で取り換えることを申し入れたものである。

徳川家康が征夷大将軍となり江戸に幕府を開いた年である一六〇三年、イエズス会宣教師らの編による『日葡辞書』に「Moro facu　モロハク（諸白）　日本で珍重される酒で奈良で造られるもの」という記載がある。なお、江戸時代の酒で、麹は玄米でつくり、掛米だけに白米を用いたものを

「片白《かたはく》」と称した。諸白こそ、今日の日本酒（清酒）の原点として位置づけられている。

日本酒（清酒）醸造上の歴史的な展開をみると、室町時代（一三九二―一五七三）の一四―一六世紀あたりで非常に大きく変化し、進歩発展をしていることに気がつく。一般論として、室町時代は日本の歴史の流れのなかで大きな曲がり角を示している。例えば、尾藤正英はその著書(4)の中で、次のように述べている。

ここで想起されるのは、日本語の歴史であって、国語学の研究によれば、日本語は歴史的には古代語と近代語との二つに区分され、その区分点は、室町時代、すなわち一四、五世紀のころにあるとするのが、通説となっている。言語の歴史と、その背景にある社会の歴史とは、もとより無関係ではありえない。しかもその社会や国家の歴史のうえでも、同じ一五世紀前後のころに、大きな変革が生じていたことは、既にみた通りである。とすれば、その変革よりいぜんの、歴史学の上でのいわゆる古代と中世は、広い意味での「古代」として一括することができ、それに対し、右の変革以後の近世は、明治維新以後の「西洋化」された近代とあわせて、広い意味での「近代」とみなすのが、妥当なのではあるまいか。

清酒の醸造

宮本又次の『豪商列伝(5)』によると、

鴻池《こうのいけ》家は戦国時代に山陰地方に蟠踞《ばんきょ》して、出雲、讃岐、伯耆の三国を領し、一時は勢力隆々として毛利氏と覇を争った尼子氏の家臣山中鹿之助幸盛を遠祖としていると伝える。幸盛に二男一女があり、長男が幸元で、二男が幸範であったという。

幼時からゆえあって大叔父にあたる山中の信直に養われ、摂津国伊丹在鴻池村において成長した幸元は両刀を捨てて商人として身をたてようと決心し、武士の子弟であることを堅く秘密にし、その名前も新右衛門（新六）と改め、鴻池村において酒造業を開始したのが慶長五年（一六〇〇）であったと、邸内の稲荷祠の碑文に残されている。(5) 慶長五年は関ヶ原の戦いのあった年であった。大坂町奉行所の下問に答えた書類によると、慶長四年には、すでに清酒の江戸積みをしたことになっている。濁酒から清澄にして芳醇な良酒「清酒」の発明までは、偶然の機会で新六によりなされたと言い伝えられている。

鴻池新六が初めて江戸送りをしたとき、この駄送りには初めは二斗入りの樽を使用したが、種々実験の結果、四斗を一樽とし、二樽をもって馬一駄として、江戸送りを始めたのであった。そして、一樽だけの場合は「片馬《かたうま》」と称し、酒価を定めるのに、十駄何両ということのもとになったのである。（中略）

……新六の名は見えないが、おそらくは同一人であろう。主として大名の家々に売ったものらしく、参勤交代のために在府中の三百諸侯は、この清酒の香に酔いしれ、鴻池銘酒の名声はたちまちにして全国に轟いたのであった。(中略)

……やがて鴻池家は海運業にも手を出すようになったのである。それは、寛永二年(一六二五)のことで、新六の五十六歳の時のことであった。

いわゆる「どぶろく」濁酒(濁醪)から清酒への変換は、日本の国の政治的、経済的、そして社会的な大きな変革の時期と重なる。新六は変革の思想を持った発明家・事業家としてもとらえられる人物である。

泡盛

蒸溜(留)法は、中世の錬金術師により、一二世紀頃にワインに応用されアルコールは濃縮された。ワインを熱して水蒸気にし、それを冷たいものにあてて、再び液体にもどす仕組みである。醗酵産物中のいろいろな化合物は、沸点にもよるが、蒸留によって濃縮される。いろいろな原料からの醸造酒を蒸留することにより、それぞれ特有の芳香をもつ蒸留酒を得ることができる。

蒸留の技術は五世紀頃アラビアで開発され、ヨーロッパに伝わり、一六世紀にキリスト教とともに東洋にもたらされた。

琉球をへて日本に伝えられた泡盛蒸留の装置は、ランビキ(図4-1)という。ランビキまたは蘭

4–1　ランビキの写真
千野光芳『化学と工業』42, 2047 (1989) より

引はポルトガル語のAlambiqueという言葉から来たものである。この装置は蓋《ふた》を除いて、本体は三つに分かれる。[6] 下段の容器は二リットル弱の容量があり、清酒をいれ、これを火にかける。蒸気は中段の中央にあるいくつかの小孔を通って、上段の内面に達する。上段は水で冷却されており、上段の内面で冷やされ液化され、下に伝わり落ち、中段の周りにあるみぞを通って下の管から留出される。上段に付いている管は冷却水の排出管である。

坂口謹一郎の名著[7]『君知るや名酒泡盛』によると、

明の嘉靖一三年（わが天文三年〈一五三四〉）に、明から琉球への冊封使《さくほうし》陳侃の見聞記に「王酒を奉じて勧む、清くして烈し、シャム（タイ国）より来る、醸《つくりかた》中国の露酒なり」とあるそうです。ところが、それから二百年近く後の享保四年（一七一九）の日本の新井白石の『南島誌』には、泡盛の製法について「滴露の方、始め外国より伝わる、色味清くして淡、これを久しうして壊《え》せず、よく人をして酔はしし、使琉球録にシャムより出づといふも亦非なり、造法はシャムと同じからず、米を蒸して麴を和し各分剤あり、すべからく水を下すべからず、封醸して成る、甑《こしき》を以て蒸してその滴露をとる、泡の如きものを甕中にもり、密封七年にして之を用ふ、首里醸すところのもの最上品とす」とある。

坂口は、白石の当時の泡盛が、「麴」を用いていることと、「すべからく水を下すべからず」という点に注目している。なお、明治以来の泡盛造りには、麴の十倍くらいの水を加えているそうである。歴史学者で沖縄出身の東恩納寛惇の『泡盛雑考』（昭和八年頃）には「泡盛はシャム酒なり」と、

「蒸かした米を上げて適度に水を割りモロミ壺に納め、壺一個毎に白い麴の餅を一個づつ入れる。……こうして造ったミキをランビキにかけて蒸溜した」

ものであるとある。(7) 泡盛の日本酒と異なる点は、「南蛮壺」にいれ長期間の貯蔵により生ずる調和した風味を貴ぶところにある。七年以上熟成したものは古酒（クース）という。沖縄には、二百年の古

酒（クース）を誇る家格の高いメーカーもあったが、第二次世界大戦により多くは失われたということである。

泡盛という名称について、寛永一一年（一六三四）将軍家光のころから、承応二年（一六五三）将軍家綱の時までは「焼酎」または「焼酒」としるされていたものが、寛文一一年（一六七一）尚貞王から将軍家綱に送られたものは初めて「泡盛」と名称を変え、以後はずっと泡盛の名称で統一されているのである。[8] 一六五三年から一六七一年の間に、琉球の蒸留酒「焼酎または焼酒」から、「泡盛」への名称変換が行われたようである。

泡盛醸造について、バラ麹系に切りかえられた時期の可能性は、一六五八年、第二尚氏王統初代の尚円の子孫で、琉球最初の史書『中山世鑑』の著者、羽地朝秀《はねじちょうしゅう》（一六一六―七五）＝別名、向象賢《こうしょうけん》が、使者として薩摩に赴き、三か年にわたって滞在し薩摩の文物、制度・文化のみならず、焼酎造りについてもバラ麹の製麹技法を学んで帰琉した政治家であることと、関係がありそうだということだ。[8]

泡盛は、羽地が帰った後に誕生し、焼酎職の家だけでつくられ、王家の御用酒となり、将軍家にも献上されるようになったようである。[8]

ところで、泡盛麹は、タイ米を使い、そして麹造りの形式は日本式のバラ麹造りでありながら、黒麹菌を用いている。和名を泡盛麹菌といい、学名は *Aspergillus awamori* である。

泡盛の定義は、一九八三年三月三一日付けの官報に記載の、「米麹（黒麹菌を用いたものに限る）及び水を原料として醱酵させたアルコール含有物を蒸溜したもの」がある。

明治初年に尚家の王子として生まれた尚順の遺稿によると、(7) 次の文章がある。

古酒を作るには、最初からこれにつぎたす用意として、少くとも二、三番乃至四、五番までの酒を作っておきながら数百年の間、蒸発作用による減量酒精分の放散等に対し、常に細心の注意を以て本来の風味を損ぜしめないように貯えておく苦心を認識したら、誰しもこれに宝物の名称を冠するに異論はないであろう。……

焼酎

鹿児島県大口市八幡神社が、昭和三四年（一九五九）に改修されたさいに、棟札に永禄二年（一五五九）の記録として、次の文言があった。(7)

当時座主は大キナこすでをちやりて
一度も焼酎ヲ不被下候
何共めいわくな事哉

桶狭間の合戦の前年に、「焼酎《しょうちゅう》」が出回っていたことを示している。

坂口の著書(7)によると、

明（一三六八―一六四四）の時代の李時珍著『本草綱目』（一五七八）には、焼酒、すなわち酒や酒粕を蒸溜して滴露を取って造る酒について、「古法にあらざるなり、元（一二七一―一三六八）の時よりその法を始創す」と記されている。

とある。

平成一八年（二〇〇六）改正された酒税法によれば、泡盛も本格焼酎も同じ「単式蒸留しょうちゅう」の名称で、旧税法では焼酎乙類に属した蒸留酒である。焼酎乙類に属する蒸留酒（アルコール分一四―二〇％）は、穀物やイモ類を麹で糖化し、アルコール醗酵させた「醪《もろみ》」を単式蒸留器により蒸留し、四五度以下に水で割ったものをいう。しかし、本格焼酎は泡盛と異なり、永年の貯蔵をしない点が特徴だったが、最近は貯蔵焼酎も市販されている。

これに対して、「連続式蒸留しょうちゅう」と改正された旧税法の名称である焼酎甲類に属す蒸留酒は新式焼酎ともいわれ、農産物からつくったアルコールを連続式蒸留機にかけて蒸留したものについて、アルコール分が三六度未満のものをいう。いわゆる、ホワイトリカーである。精留装置による連続蒸留法（パテント・スチル）である。醗酵液を上から流し込むと、無臭でしかも高濃度（約九七％）のアルコールが下から、絶えず流れ出す方法である。この方法がスコットランド地方に現れたのは一八三〇年前後で、わが国には明治三五年（一九〇二）前後のことである。(7)

芭蕉と酒

芭蕉（一六四四―九四）は元禄四年（一六九一）四月一八日より五月四日まで、向井去来《きょらい》の別荘である京落柿舎《らくししゃ》に滞在した。その時の日記文学が『嵯峨日記』である。四月二二日の条に次の言葉が出てくる。(9)

喪《も》に居る者は悲《かなしみ》をあるじとし
　酒を飲《のむ》ものは楽《たのしみ》あるじとす

芭蕉の「閑居箴《しん》」という句に、(10)次のものがある。

酒のめばいとゞねられぬよるの雪

芭蕉は『笈の小文』の中で、奈良県吉野郡竜門村にある瀧を次のようによんでいる。(9)

瀧（龍）門
龍門の花や上戸《じょうご》の土産《つと》にせん
酒のみに語らんかゝる瀧の花

櫻

扇にて酒くむかげやちる櫻

芭蕉はいける口であったようだ。門弟たちには次の教訓をたれている。

行脚掟《あんぎやのおきて》

好《この》むで酒をのむべからず、

饗応により固辞しがたくとも、微醺にて止《やむ》べし

「行脚掟」は、芭蕉が旅行の注意事項を十数か条にまとめて記したものとして、江戸時代中期以降の「諸俳書」（俳句の本）に収録されている。しかし、芭蕉作という確証はない。芭蕉の仮託の書としても興味深いものである。(11)

良寛と酒

一所不住の乞食《こつじき》生活を続けた良寛は、宝暦八年（一七五八）に生まれたといわれ、天保二年（一八三一）に七四歳で亡くなった。良寛は酒を大変に愛した人であった。(12－14)

そのかみは酒に浮けつる梅の花土に落ちけりいたづらにして　（三六）
大御酒《おほみき》を三坏《みつき》五つきたべ酔《ゑ》ひぬゑひての後《のち》は待たでつぎける　（一六八）
あすよりの後《のち》のよすがはいざ知らず今日のひと日は酔《ゑ》ひにけらしも　（一八二）
うま酒を飲み暮らしけりはらからの眉白妙《しろたへ》に雪のふるまで　（一八三）
百鳥《ももどり》の木伝《こづた》うて鳴く今日しもぞ更にや飲まむ一つきの酒　（一八七）
さすたけの君がすすむるうま酒にわれ酔《ゑ》ひにけりその美酒《うまざけ》に　（一八八）
さすたけの君がすすむるうま酒を更にや飲まむその立ち酒を　（一八九）
ちんばそに酒に山葵《わさび》に給はるは春はさびしくあらせじとなり　（一九七）

「ちんばそ」は神馬《じんば》藻の音の訛りで、海藻の「ホンダワラ・ホダワラ・ナノリソ」である。

草のへに蛍となりて千年《ちとせ》をも待たむ
　妹《いも》が手ゆ黄金《こがね》の水をたまふといはば　（旋頭歌　一四）
常盤木《ときはぎ》のときはかきはに君が祝《ほ》ぎつる
　とよみきにその豊御酒《とよみき》にわれ酔《ゑ》ひにけり　（旋頭歌　一五）

新室《にひむろ》のにひむろの祝《ほ》ぎ酒に我
　酔《ゑ》ひにけりそのほぎ酒に
（雑体歌　一）

良寛の酒は、解良栄重《けらよししげ》の『良寛禅師奇話』によると、

師常に酒を好む。然りと雖も、量を超えて酔狂に至るを見ず。又田父野翁を言わず、銭を出し合ひて酒をかひ呑むことを好む。汝一盃吾一盃、その盃のかず、多少なからしむ。

とある。

橘曙覧の歌

幕末の歌人・国学者、橘曙覧《たちばなあけみ》(15)（一八一二―六八）は清貧の暮らしのなかから、生活・社会・自然を自由奔放に詠み、近代短歌の先駆として高い評価をうけている。

酒人
とくとくと　垂《た》りくる酒の　なりひさご
　うれしき音《おと》を　さする物かな
（一一三）

独楽吟

たのしみは　雪ふるよさり　酒の糟《かす》
　あぶりて食《く》いて　火《ひ》にあたる時　（五七一）
たのしみは　とぼしきままに　人集《ひとあつ》め
　酒飲め物を　食《く》へといふ時　（五八〇）
　高瀬川といふところへ
床《とこ》に鳴く　こほろぎ橋を　横に見て
　酔《ゑ》ひ倒れたる　寝《ね》ごこちのよさ　（六三五）
温《あたた》めて　ただ一めぐり　さする酒
　あかくなりたる　顔つきを見す　（六五三）

酒と人生

柳沢淇園著（天保一四年〈一八四三〉刊）・森銑三校注『雲萍雑志《うんひゃう(ぴょう)ざっし》』(16)には、次の二つの方向からの酒に対する評価がある。

「飲酒の十徳《じっとく》」に、

一、禮《れい》を正《たゞ》し、

二、労《ろう》をいとひ、
三、憂《うれい》をわすれ、
四、鬱《うつ》をひらき、
五、氣《き》をめぐらし、
六、病《やまひ》をさけ、
七、毒《どく》を解《げ》し、
八、人《ひと》と親《した》しみ、
九、縁《えん》をむすび、
一〇、人壽《にんじゅ》を延《の》ぶ。

「古人《こじん》罰酒の法《ほう》」に、
三合《さんごう》を飲酌《いんしゃく》の限《かぎ》りとす。もしこの法《ほう》を失《うしな》ふ時《とき》は、家《いえ》を乱《みだ》し身を亡《ほろぼ》す。
箕子《きし》［殷の紂王《ちゅうおう》の叔父］紂王の暴虐をいさめたため囚禁さる
一たび嘗《な》めて延齢《えんれい》の良薬《りょうやく》と賞《しょう》し、
二度なめて心《こころ》を擾《みだ》すの媒《なかだち》とおどろき、
三度なめて国家《こくか》を失《うしな》ふの基《もとゐ》と悟《さと》れり。
労なく憂《うれひ》なき時《とき》飲《の》むべからず。

戦国時代の武将・上杉謙信（一五三〇—七八）は剃髪し不識庵謙信と号した。義侠に富み、兵略に長じた謙信の辞世の偈《げ》(17)を次に掲げる。

四十九年　一睡の夢　一期の栄華　一盃の酒

江戸時代前期の儒者・教育者・本草学者の貝原益軒（一六三〇—一七一四）は、『養生訓』を著し、酒について説いている(18)。

> 酒は天の美禄《びろく》なり。少《すこし》のめば陽気を助け、血気をやはらげ、食気をめぐらし、愁《うれい》を去り、興《きょう》を発して、甚《はなはだ》人に益あり。多くのめば、又よく人を害する事、酒に過《すぎ》たる物なし。水・火の人をたすけて、又よく人に災《わざわい》あるが如し。邵堯夫《しょうぎょうふ》の詩に、美酒ヲ飲テ教シメテ二微酔一後、といへるは、酒を飲《のむ》の妙を得たりと、時珍《じちん》いへり。少《すこし》のみ、少《すこし》酔へるは、酒の禍なく、酒中の趣《おもむき》を得て楽しみ多し。人の病《やまい》、酒によつて得るもの多し。酒を多くのんで、飯をすくなく食う人は、命短かし。かくのごとく多くのめば、天の美禄を以《もって》、却《かえつ》て身をほろぼす也。かなしむべし。
>
> （巻第四、四四）

益軒は養生訓を実践し、享年八五歳の長寿を全うした。辞世の歌を次に掲げる。

越《こ》し方は一夜《ひとよ》ばかりの心地《ここち》して
八十路《やそじ》あまりの夢を見しかな

酒のおいしさは次の過程をへて、「百薬の長」から「万病の元」への道に連れ去ることもある。くれぐれも、ご用心。

酒は憂いの玉箒《たまばはき》　千金春宵一刻飲み　　近松門左衛門　女夫池
わしとお前は諸白手樽《もろはくてだる》　中のよいのは人知らぬ　　山家鳥虫歌
世の中はさてもせわしき酒の燗《かん》ちろりの袴きたり脱《ぬ》いだり　　大田南畝
薺粥《なずながゆ》またたかせけり二日酔　　洗古(19)

江戸と「蕎麦前」

製粉会社の経営者で、退任された笠井俊彌は、いつしか蕎麦《そば》の世界に踏み込み『蕎麦　江戸の食文化(20)』を出版された。
江戸の特色は、「粋《いき》」であった。その粋の特色を示す一典型が「蕎麦前」であった。笠井俊彌は次のように記している。

ところで、「蕎麦前」といえば、清酒を意味した。
ことほど左様に、蕎麦屋酒は江戸の人たちにたいへん親しまれていたのです。
その理由の一は、出す酒そのものが吟味した良酒だったからでした。

笠井俊彌は続けている。

江戸期でも立ち寄った客に、主人が酒の肴に湯豆腐と蕎麦では、と浮き浮きしていうほどですから、酒と蕎麦との相性はよかったのです。

まがほ定丸《さだまる》の両士《りょうし》、この桜みんとてまゐれり。あるじ大いによろこび給ひて、……とく杯とり出《い》でて、…みさか《（御肴）》な《（何）》に何よけん、とりあへたる湯豆腐に、蕎麦よけんなどざれ宣《のたま》ふ。されど、かはらけみそ《（味噌）》の最明寺殿《さいみょうじどの》にくらぶれば、こよなううるは《（麗）》しきまうけ《（設）》になん。おのおの常ならぬ酔《ゑ》い心地に、例のあだけ《（仇気）》たるすぢ《（筋）》など、うた《（歌）》ひかはすべし。（六樹園〔石川雅望《まさもち》〕『狂文あづまなまり』下、文化一〇年）

江《え》戸《ど》樽《だる》といえば江戸酒を詰めた樽ですが、江戸酒は江戸でできる酒のことではありません。上方から江戸へ送った酒、江戸で飲まれる酒です。二百石以上千石積みの大船で回送されてきました。

江戸付近で醸造されるのは地酒です。これら各産地のなかから、蕎麦屋《そばや》は値段のわりに良い酒を選んで仕入れたとされていますが、いやそれよりもっと大きな理由は、水を割らなかったから好評だったのだ、との説もあります。

酒肴も野暮ならず

次に、嚙む音をさせつつ酒を飲むのは、お江戸では野暮とされていました。

蕎麦屋酒では、肴は、嘗《な》める蕎麦味噌以外は、蕎麦の種物のタネの流用です。焙《あぶ》った海苔はいくらか爽やかな音がするにしても、量的にはごくわずかですから、総じて江戸前の「酒の肴は音立てず」の美意識とバッティングしません。ちなみに、戒律厳しく嚙む音など食事中に一切の音を立てること厳禁の禅宗の僧侶でも、蕎麦・うどんをすすり込む音のみは、遠慮無用とされていました。

酒造と行政

江戸幕府八代将軍徳川吉宗の孫にして、国学・有職故実《ゆうそくこじつ》・歌学に一家を成した田安宗武の子として宝暦八年（一七五八）に生まれ、安永三年（一七七四）に奥州白河城主松平越中守定邦の養子となった松平定信は、天明七年（一七八七）老中に就任し寛政の改革を行った。寛政五年（一七九三）老中を免ぜられ、その後自叙伝『宇下人言《うげのひとごと》』(21)を著した。自叙伝名は「定信」の文字から由来している。そして、定信は文政一二年（一八二九）に亡くなった。
自叙伝の中に、次の文言がある。

また酒造てふものはことに近世多くなりたり。元禄のつくり高をいまにては株高といふ。そのまへ三分一などには減けるが、米下直なりければ、その株高の内は勝手につくるべしと被㆓仰出㆒しを、株は名目にて、たゞいかほどもつくるべきことゝ思ひたがへしよりして、いまはつくり高と株とは二ツに分れて、十石之株より百石つくるもあり、万石もつくるもあり。これによって酉年のころより諸国の酒造をたゞしたるに、元禄のつくり高よりも今の三分一のつくり高は一倍之余も多き也。西国辺より江戸へ入る（り）来る酒いかほどともしれず。これが為に金銀東より西へうつるもいかほどといふ事をしらず、これによって或は浦賀中川にて酒樽を改めなんといふ御制度は出しなり。これ又東西之勢を位よくせん之術にして、ただ米の潰れなんとていとふのみにはあらず侍る也。関東にて酒をつくり出すべき旨被㆓仰出㆒候も、是また関西之酒を改めなば酒価騰貴せんが為なりけり。ことに酒てふものは高ければのむことも少なく、安ければのむこと多し。日用之品之物価之平かなるをねがふ類とはひとしか（ら）ざれば、多く入来れば多くつゐへ、少なければ少なし。

田沼意次《たぬまおきつぐ》の「悪政」と天明の大飢饉という未曾有の大天災によりひきおこされた政治的・社会的危

機に際して、老中に就任した松平定信だったが、その強権的な改革政治は、大田蜀山人の「世の中にかほどうるさきものはなし、ぶんぶといふて夜もねられず」という狂歌や、「白河の清き流れに魚住まず、濁れる田沼いまは恋しき」という落首のたぐいまで出た。

幕藩封建制の土台であった自然経済は、農村における商品生産の展開に伴って変質を進めていた時期であった。領主階級は都市生活の中で、いち早く商品貨幣経済にとらえられていったのであった。(21)

第五章　昔からの調味料のながれ

調味料には、塩、酢、醤油、味噌、酒、味醂、香辛料などのものがある。この中で、最も古い型の調味料は塩である。大変に興味深いことは、塩と香辛料、そして魚介からの調味料を除いた酢、醤油、味噌、酒、味醂などのわが国の伝統的な調味料の製造のすべてに麹菌《こうじきん》がかかわりを持っていることである。そして、醤油や味噌造りには塩が欠かせない。また、いろり（色利・煎汁）は『倭名類聚鈔』に「堅魚煎汁、加豆乎以呂利」とあり、干鰹《ほしかつお》または大豆を煎じた煮汁である。この、いろりの製造にも腐敗防止のために塩が加えられていた。

昔からの調味料の流れを探索してみる。

塩

弥生時代中期の製塩土器（高さ一七・五センチ）が岡山県・仁伍《にご》から出土している。岡山大学の近藤義郎により全国的に調査されたところによると、古いところではおそらく三〇〇〇年以前にまで遡る縄文時代から、海水を煮詰めて塩を採っていたようだ。(1) この土器は朝顔形に開いたごく素朴なもので、これに柄がついているものである。おそらくは、地面に立てかけてその中に海水をいれて周囲で火を焚き、水を蒸発させて、食塩の結晶をとったものと推定されている。(1)

上代の製塩法について、『播磨国風土記』餝磨《しかま》郡の項に、

……即奉二塩代田廿千代一有レ名……

と塩代田(塩代塩田)なる記載がある。(2)

『万葉集』(3) の時代の塩の作り方は、潮のひいた海岸に露出した藻を刈りとり、巻三―二九三の歌にある「くぐつ」という「浜すげの籠」に入れて浜にはこび、海藻類に海水をそそぎかけて塩分を多く含ませ、それを焼いて水分を飛ばして塩分を濃縮した後に、水に溶かし、その上清《うわずみ》を煮詰めて塩を作った。この方法を藻塩焼きという。

志可《しか》の海人《あま》は藻《め》刈り塩焼き暇《いとま》なみ
髪《かみ》すきの子櫛《をぐし》取りも見なくに
(石川少郎《いしかわのおとのいらつこ》　巻三―二七八)

塩干《しほひ》の三津の海女《あま》のくぐつ持ち
玉藻刈るらむいざ行きて見む
(角麻呂《つののまろ》　巻三―二九三)

玉藻刈る海《あま》をとめども見に行かむ
　船楫《ふなかじ》もがも波高くとも
（笠原朝臣金村　巻六―九三六）

縄《なは》の浦に塩焼くけぶり夕されば
　行き過ぎかねて山にたなびく
（日置少老《へきのをおゆ》　巻三―三五四）

志珂《しか》の白水郎《あま》の塩焼く煙風をいたみ
　立ちはのぼらず山にたなびく
（巻七―一二四六）

大君の塩焼く海人《あま》の藤衣《ふぢごろも》
　なれはすれどいやめづらしも
（巻一二―二九七一）

『万葉集』時代の藻塩焼きの技術は、神事として宮城県の塩竈（釜）神社に伝わっている。

平安時代中期一〇世紀の終わりから一一世紀始めの頃活躍した『源氏物語』の作者、藤原為時の女《むすめ》・紫式部(4)は、高貴な宮仕えの身でありながら塩にかかわる歌を詠んでいる。

しりぬらむ　往来《ゆきき》に慣《な》らす　塩津山《しほつ》

世に経《ふ》る道《みち》は　からきものぞと　（『紫式部集』二三、『続古今集』雑中　一七〇六）

四方《よも》の海《うみ》に　塩焼《しほや》く海人《あま》の　心から

やくとはかかる　なげきをや積《つ》む　（『紫式部集』三〇、『続千載集』雑中　一八六六）

見《み》し人の　煙《けぶり》となりし　夕《ゆふ》べより

名《な》ぞむつましき　しほがまの浦　（『紫式部集』四八、『新古今集』哀傷　八二〇）

塩にかかわる紫式部の歌三首である。次第に深い思索の生活に入っているように思える。

醬系の調味料

日本への穀醬の伝来は、奈良朝のころ、仏教の伝来とともに伝わったと推定される。日本に伝わった醬《ひしお》は植物原料から作った「草醬《くさびしお》」と考えられている。醬の原料である大豆については、藤原宮（六九四—七一〇）の木簡に史実に記載された最初の記録がある。また、日本の最古の歴史書であり、また最古の文学書といわれる『古事記』（七一二）や、日本の正史である『日本書紀』（七二〇）に、大豆の記載がある。また、小麦については、四〜五世紀ごろに中国北部から朝鮮半島をへて北九州につたわったと推定されている。

鬼頭清明著『木簡の社会史』(5)によると、出土した一二〇〇年ほど前の木簡に次の文章があった。

文書木簡の表　寺請　小豆一斗　醬一□(斗か)五升大床所　酢末醬等

裏　右四種物竹波命婦御所　三月六日

この木簡は同じごみためから出土した他の木簡の例からみて七六三年頃に記されたものであるが、当時法華寺(平城宮の東隣にあった尼寺)には、いったん退位はしたものの、なお実権をにぎっていた「女帝」孝謙上皇―聖武天皇と光明子との子―がおり、平城宮内にいた淳仁天皇(在位七五八―七六四)と対立していた。この木簡はその孝謙上皇につかえる竹波命婦《つくばのみょうぶ》のところから食物を請求してきたのである。あて先はたぶん平城宮内にあった食料担当の宮司＝大膳職《だいぜんしき》であったといわれている。……

ここにある醬は「ひしお」で、末醬は今日でいう味噌である。江戸時代の人見必大は『本朝食鑑』(6)に、末醬は『倭名抄』にいう「美蘇《みそ》」で、末とは搗末《ついたこな》の意味であると述べている。酢も記されていた。なお、孝謙天皇は第四六代の奈良後期の女帝(在位七四九―七五八)、のち重祚して第四八代の称徳天皇(在位七六四―七七〇)である。淳仁天皇に皇位を譲った後、看病にあたった禅師の道鏡を寵愛したことが問題となり、淳仁天皇と不仲となり法華寺にはいり「国家の大事と賞罰は朕(孝謙)が行い、常祀《し》と小事は今帝(淳仁)が行え」と宣言した。そのため、七六九年恵美押勝の乱がおきた。

重祚後に法王・道鏡が皇位につこうとしたことを、和気清麻呂が神教を復奏して妨げ、実現しなかった。木簡の一枚は、その当時の重要な証拠品であり、その中に「醬、酢、末醬」などの調味料が記されていた。

『万葉集』(3)の中で調味料が詠みこまれている歌には次のものがある。

醬酢《ひしほす》に蒜《ひる》搗《つ》き合《か》てて鯛《たひ》願ふ
　吾にな見えそ水葱《なぎ》の羹《あつもの》　(長忌寸意吉麻呂《ながのいみきおきまろ》　巻一六―三八二九)

ここには、「醬」と「酢」の二つの調味料が使われていた。「合せ酢」としての記載であるから、あるいは、このなかには酒も含まれていたかも知れない。

平安時代の中頃ないしは末期に成立したといわれる『玉造小町子壮衰書――小野小町物語』(7)の中に、小野小町を題材にしたのではないかと考えられてきた女人壮衰の物語がある。この小町の若く壮んな時に贅沢の限りを尽くしたときの、贅《ぜい》を凝《こ》らした食べ物の中に酢・味噌などで和えた黄色の鱁《あさじ》(淡水魚のオヤニラミ)の和《あ》え物《もの》がある。鮨《すし》は後述するように、魚の腹に飯をつめ、そして魚と飯とを交互に重ね、重石で圧し、よくなれ(乳酸醱酵)させた鮨(馴れずし)(8)と考えられる。

紅粒のうるしね（糯稲）は玉のせいろで蒸して金《こがね》の椀《わん》に盛り、
濁酒の上澄みの清酒は珠の壺《つぼ》に溢《み》ちて、
金銀珠玉を象眼した酒器に酌《く》んださ。
膾《なます》は緋鯉の腹の肥えたつちすり（腴《すなずり》）でなければ口をつけず、
鮨《すし》は紅鱸《こうろ》（スズキ科ヤマノカミ）のえらの肉しか味ったことはないわ。
莞《きいろ》の鮒《ふな》の包み焼き、
翠《みどり》の鱒《ます》の炙《あぶ》り物。
蘜《きろ》の鱖《あさじ》の和《あ》え物、
堇《きいろ》の鰹《らいぎょ》（タイワンドジョウ）の煮凝《にこご》り。
煮物は東の河の鮎を沸《わ》かし、
吸い物は北の海の鯛を煮る。
鮭の条《わりぼし》、
鯔《ぼら》の楚《ひもの》、
鱣《うなぎ》（鰻）のすし、
鮪《まぐろ》のぬたあえ、
鶉《うずら》の吸い物、
雁《かり》の塩漬け、

鳳凰《ほうおう》の乾肉、
雉《きじ》の吸い物、
鵝鳥《がちょう》ののどぶくろ、
熊の掌《て》、
兎のもも肉、
麈《おおじか》のずい、

竜の脳、
蒸し蚫《あわび》（鮑）、
煎《や》き蚌《はまぐり》（蛤）、
焼き蛸《たこ》、
焦《い》り蝘《なまこ》の煮付け、
蟹《かに》のおおつめ、
螺《さざえ》の胆《きも》、

亀の尾、
鶏の頭《かしら》。
これらを銀《しろがね》の盤《さら》に盛りつけ、金《こがね》の机に並べたさ。
金銀を飾りものにした器によそい、珠玉を鏤《ちりば》めた台に配膳したわ。

ここに掲げた『玉造小町子壮衰書――小野小町物語』は空海の著書等にみられる壮衰書に通う思想が流れている(7)。そのため、空海作者説が古くから伝えられてきた。しかし、空海より後の人である小野小町のことが記されているので、空海の弟子が原壮衰書を作った可能性があるとのことである。この作に述べられている贄《ぜい》を凝《こ》らした食べ物は、魚介類は一九、鳥類は六、けものは四である。おそらく、数多くの調味料が使われたことが推察される。

平安朝の頃の調味料は、塩、酢、醤《ひしお》、末醤（美蘇《みそ》（和名抄））、豉《くき》、煎汁《いろり》があった。六歌仙・三十六歌仙の一人、絶世の美女の小野小町は食事が贅沢で、なかなかうるさかったと伝えられている。野菜でも魚類でもとくに定めたものしか食べなかったということである。その指定食に堅魚《かつお》の煮焦がしがはいっていた。小町は鰹《かつお》のおいしさを十分に知っていたということであろう。

堅魚煎汁の記録は、『大宝律令』（七〇一）の海産物調賦の制度の中にある。この賦役令は、それから一七年後の女帝・元正天皇（在位七一五―七二四）の養老二年（七一八）に改修され、養老賦役令として今日に残されている。律令の施行細則であり、そしてわが国の各地の物産を記録する『延喜式』（九六七施行）より約二〇〇年前の記録である。

『延喜式』による、堅魚煎汁の産出国は駿河、伊勢であった。

醤《ひしお》という泥状の調味料から、澄んだ醤油へどのようにして移行したのだろうか。言い伝えによると、興国寺の禅僧・覚心が建長六年（一二五四）に中国から径山寺《きんざんじ》味噌の製法を持ち帰り、紀州湯浅で村人に教える過程で、醗酵槽中にたまった液で食物を料理するとおいしいことを発見したのが醤油のはじまりとされている。

室町時代（一三九二―一五七三）になって、京都五山の僧徒の間で発達した割烹調理の術に加え、茶道とともに普及発達した懐石《かいせき》料理の影響をうけ、醤油は次第に日本独自の型に発達した。

醤油産業は、紀州から黒潮に乗って銚子へ、野田へと伝えられた。野田での醤油造りのはじめは、溜《たまり》醤油がつくられた永禄元年（一五五八）のことといわれる。

醤油と書くようになったのは、慶長二年（一五九七）刊行の『節用集』易林本に始まるとのことである。(9)

醤油は江戸時代にほぼ完成された型となった。江戸時代の狂歌師、大田南畝《なんぽ》（蜀山人、一七四九―一八二三）は次のように歌った。

世を捨てて山に入るとも味噌醤油
　酒のかよひ路なくてかなはじ

味　噌

大宝律令（七〇二）の大膳職《だいぜんしき》に醤《ひしお》や豉《くき》のほかに「末醤」という大豆の醗酵食品がある。この末醤が末醤をへて味噌になったといわれている。末醤について、元禄時代の人見必大(6)は『本朝食鑑』の中で、

「末とは搗末の意である」と述べ、味噌は、「わが国では昔から上下四民倶に用い、穀食の佐にしている」と記している。

平安時代中期の中古三十六歌仙のひとり、恋愛歌人として有名な和泉式部により、味噌がうたわれている。(10)

二月ばかり、味噌を人がりやるとて
　花に逢《あ》へばみぞつゆばかり惜《お》しからぬ
　飽《あ》かで春《はる》にもかはりにしかば　（一〇八六）

二月頃、味噌を恋愛の相手である「人」のもとに贈るときに、「みぞ（身ぞ）」に「味噌」をかけて詠んだ歌である。上の句は、「花を見ると夢中になってわが身を忘れてしまいます。この味噌（身ぞ）はあなたに差し上げるのですから、つゆほどに惜しくはありません」という意味の掛詞《かけことば》になっている。

豆味噌の元祖である豆豉の工業的生産は、寛永二年（一六二五）三州（愛知）においてであった。赤味噌の仙台味噌の工業生産は、正保二年（一六四五）から承応元年（一六五二）の間に仙台藩屋敷内の「御塩噌倉《おえんそぐら》」と称する蔵で始まった。

酸味料

奈良朝時代の酸味料は、酢、酢滓、吉酢、糟交酢、市酢などの言葉が使われていた。酢は「ス」と訓《よ》み別にカラサケ（苦酒）ともいった。『延喜式』によると、「酢一石料、米六斗九升、蘖《げつ》四斗一升、二斗」（水一石四十造酒司）とあり、蘖《よねもやし》（麴）を米と（同じ嵩《かさ》のものと）考えれば、それから得る酢の量との割合は、他の文献からのものとほぼ近似した値となるとのことである。(2)

古代の日本で、梅酢が詠まれた詩を紹介する。麴菌には関係はないのだが、酸味料として用いられたものである。余談になるが、「倭国」から「日本」という国号への変更は、六七〇年か、六六九年後半の天智《てんじ》朝のことと推定されている。朝鮮半島の新羅国の記録では、六七〇年の年末、陰暦一二月に「倭国が号を日本と更めた。」とある。なお、まだ定説となっていないが、日本最初の法典とされる『近江令《おうみりょう》』（近江朝廷之令）が成立したのは天智七年（六六八）とされる。完成しなかったともいう。天智天皇の皇太子、後に追謚《ついし》して弘文天皇となられた大友皇子は、わが国の漢詩の始祖と位置付けられている。

道徳承ケ二天訓ヲ一　塩梅寄ス二真宰ニ一　羞ズレ無キヲ二監撫ノ術一　安ンゾ能ク臨マン二四海ニ一

大友皇子

江村北海著『日本詩史』(11)に、上記の詩は、典重渾朴、詩壇の鼻祖と為すも、愧ずる無き者なり。大友は天智の太子にして、大淑《だいしゅく》（御叔父君＝大海人皇子）と關（関）原に龍戦し、天命遂げず。『安んぞ能く四海に臨まん』の語、讖《しん》を為す。

とあり、注に「讖《しん》」とは、未来の禍福吉凶を予定すること、とある。なお、壬申の乱は六七二年の夏に大海人皇子がおこし、一か月余の激戦の後、大友皇子は自殺した。大海人は即位し、天武天皇として律令制を確立する端緒となった。

鹽《えん》（塩）梅《ばい》は食物にからみをつける塩と、酸味をつける梅の意からきた言葉である。「あんばい」とも読む。しかし、「塩梅」は「按排」や「按配」とは本来別系統の言葉だったが、混同して用いられてきた。

酸味料について、酢と、梅酢、そしてすし（馴《な》れずし）からの、それぞれの酸味は異なる。酢は酢酸から、梅酢はクエン酸から、そしてなれずしは乳酸から、それぞれの酸味はもたらされる。これらの酸味の違いについては、おそらく厳密に区別をしていたものと推定される。

みりん（味醂）

江戸時代の小野姓人見必大《ひとみひつだい》（一六四二―一七〇一）は元禄八年（一六九五）に著した『本朝食鑑』(6)に焼酎の附録として、甘味料の「美淋《みりん》」がある。

美淋酒《みりん》。焼酒で造る。その法は、先ず舂白糯米《つきしらげた》三合を一晩浸し、甑《せいろう》で蒸して飯とし、冷めるのを待って麹二合と一緒に一斗の焼酒に入れて頻繁に攪拌し、甕に収蔵《おさ》め、七日毎に一回攪拌する。二十一日を経て出来上がる。このまだ醸成していないのを、俗に本直《ほんなおし》という。酒が醸成したものを美淋《みりん》という。日を経ても変じないものを上とする。この修治は未詳である。唯《ただ》、酒味の甘美で蜜のようなものを珎（珍）とするのである。

なお、『本朝食鑑』の焼酒の〔附方〕に興味深い記載がある。

霍乱《かくらん》（急性胃腸カタルで、嘔吐と下痢のはげしいもの）吐瀉《としゃ》および中暑（夏、炎天の暑気にあたって煩うこと）の場合、焼酒あるいは泡盛を温くして飲み、微酔すると癒える。

水

人の生活の最も基本に「飲料水」がある。徳川家康は、江戸入りに先んじて小石川上水（のちの神田上水）をつくらせて給水の便をはかった。(12) 江戸時代（慶長五年〈一六〇〇〉—慶応三年〈一八六七〉）には、徳川幕府の所在地「江戸」は享保（一七一六—一七三六）以降、人口百万以上を維持した。この膨大な数の人びとの生活を支えるために、二つの大きな上水工事が行われた。神田上水と玉川上水である。「神田上水」は江戸初期に、井の頭池から小石川関口・水道橋を経て、神田・日本橋・京橋に飲料用に給水した。そして、承応三年（一六五四）に完成した「玉川上水」は多摩川の水を羽村から四谷大木戸まで供給した用水路である。玉川上水開削《かいさく》の許可は承応二年（一六五三）で、二代将軍徳川秀忠の四男・会津藩主保科《ほしな》正之《まさゆき》の献策がいれられ、費用金七千五百両が支給された。[12] 神田上水は明治三六年（一九〇三）に、玉川上水は明治三四年（一九〇一）に、それぞれ廃止された。

第二部　麴菌の科学技術と産業

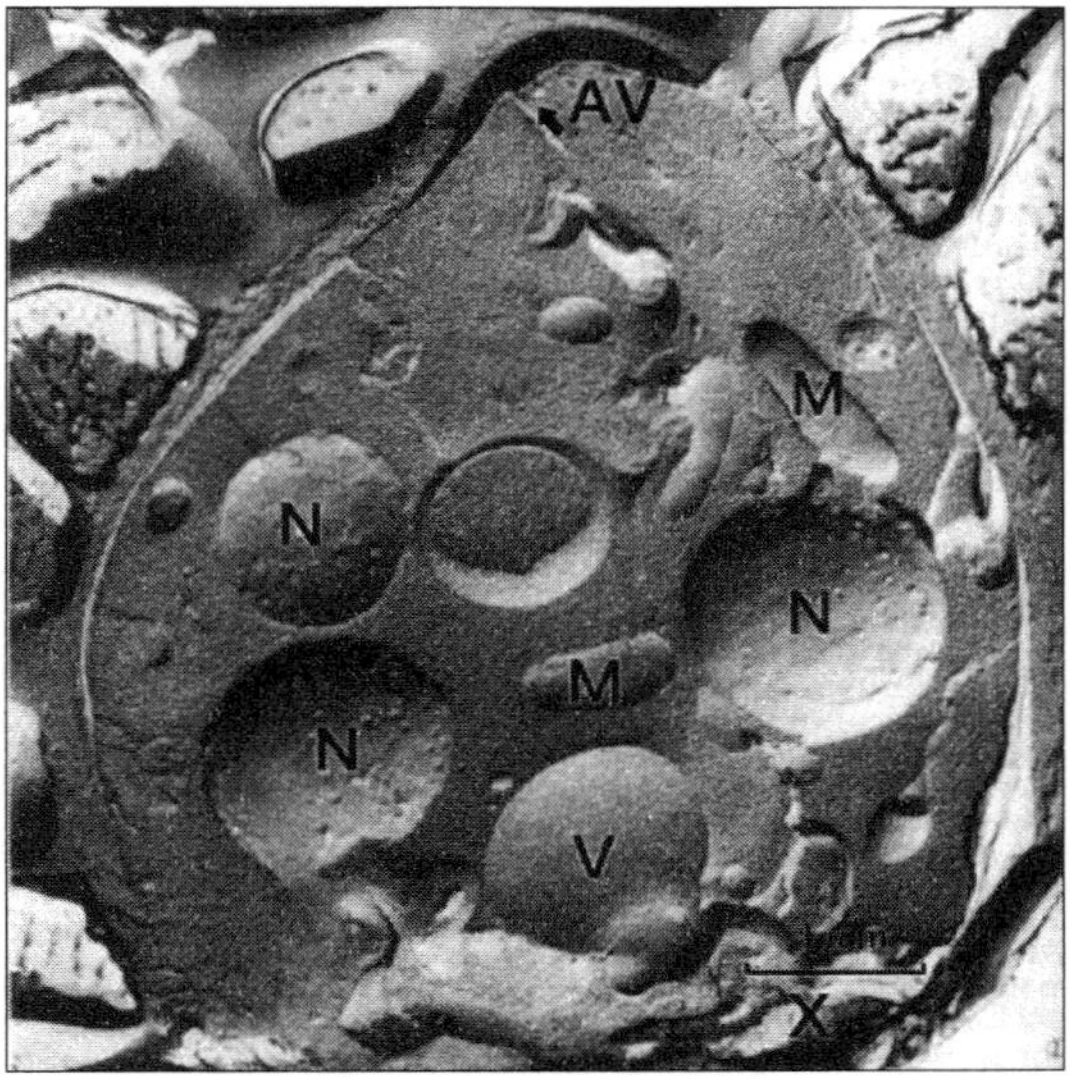

麴菌発芽分生子のフリーズレプリカ像
AV：先端小胞，M：ミトコンドリア，N：核，V：液胞
田中健治「微生物」Vol.1, No.1 (1985) より

第六章　近代化学を創出した三人の日本人化学者

本章は第二部の序章である。

近代化学の分野は大変に広くまた厚いものがある。ヨーロッパから輸入した化学をもととして、麴菌は世界に誇る三人の偉大な化学者を育てた。一世紀すこし前に、世界の酵素工業の扉を開いた化学者・高峰譲吉（一八五四―一九二二）（図6・1）、世界に誇る二〇世紀の日本のバイオテクノロジーを先導した農芸化学出身の応用微生物学者・坂口謹一郎（一八九七―一九九四）、そして二一世紀の世界の焦点となったタンパク質研究に半世紀以上も前から注目し、大阪大学に蛋白質研究所を設立し、日本のタンパク質研究を率いた生化学者・赤堀四郎（一九〇〇―一九九二）の各氏である。

高峰譲吉

一世紀すこし前、高峰譲吉[1-3]により世界に誇る二つの独創的な業績が打ち立てられた。消化酵素剤タ

6–1　高峰譲吉の切手

カヂ（ジ）アスターゼの発明（一八九四）と、副腎髄質ホルモンのアドレナリン（別名、エピネフリン）の単離・結晶化（一九〇一）である。[1-3]一連の研究は明治二三年から三三年（一八九〇―一九〇〇）にかけてアメリカにおける自分の研究開発会社によってなされた。

消化酵素剤「タカヂ（ジ）アスターゼ」の発明は、コムギ麩（ふすま）に麴菌（アスペルギルス・オリザエ）を生育させ「麩麴」をつくり、それを水で抽出することにより酵素であるタカヂ（ジ）アスターゼを取り出し、酵素画分を有機溶剤により沈殿分離し、乾燥させるというものであった。特許を取得し、一八九四年に米国パーク・デービス社より世界に向けて発売した。近代生命科学産業である酵素工業の扉を世界ではじめて開いた。日本には、三共株式会社をつくり、自ら社長としてタカヂ（ジ）アスターゼの製造・販売をした。

巨万の富を築いた高峰譲吉は東西の架け橋になりたいと活躍した。軍艦は進水したその日から鉄くずへの道をすすむが、これに代わる将来大きな発展につながる「国民的化学研究所」を若人に、という提言を大正二年（一九一三）にし、今日の日本の最先端の高等研究所となった「理化学研究所」の設立（一九一七）の基礎を築いた。理化学研究所は後年ノーベル賞に輝いた湯川秀樹、朝永振一郎をはじめ、多くの人材を輩出した。同研究所について書かれたものに朝永振一郎による著書『科学者の自由な楽園』[4]がある。なお、後述する坂口謹一郎は副理事長として、赤堀四郎は理事長として、それぞれ理化学研究所の運営に携わった。

一九九六年刊行のケンブリッジ大学出版局の『バイオテクノロジー』（"Biotechnology, Third edition"）によると、一八九六年はコムギフスマに生育させた菌類 *Aspergillus oryzae* からの消化酵素剤タカジアスターゼはヨーロッパに最初の近代的な微生物酵素工業技術をもたらした年と、記されている。[5]

坂口謹一郎

ひとたびは世をもすてにし身なれども酒の力によみがへりぬる　（坂口謹一郎『愛酒楽酔』[6]）

坂口謹一郎は醱酵微生物学者として、麴菌、黒麴菌などの基礎的な研究、醸造工業・バイオテクノロジー産業の発展に貢献をした。[7]なかでも、カビのアルコール醱酵について、今から五分の四世紀も前の一九二八年に、坂口は麴菌を麴汁上二八―三〇度で一三―一五日間表面培養させるとアルコール醱酵をすること、生成したアルコールは二種の誘導体に導き同定をし、報告している。[8]近年、バイオエタノール関連から、アオカビの近縁グループである *Paecilomyces* sp. NF1 株が植物バイオマスからエタノール生産を効率よくすることが注目される研究に繋《つな》がっている。[9]この菌株は、グルコースやフルクトースなどの通常の醱酵性糖のみならず、多糖類のデンプンなどからもエタノールを効率よく生産する。

坂口は昭和二八年（一九五三）東京大学に「応用微生物学研究所（現・分子細胞生物学研究所、平成五年〈一九九三〉改名）」を設立し、理・農・医・薬・工などの従来の日本の大学の学部を超越した微生物にかかわる研究所とした。

坂口の世界に先駆けた応用微生物学は、二〇世紀日本のバイオテクノロジーの礎を築いた。一九九三年刊行のケンブリッジ大学出版局の『バイオテクノロジーの歴史』（"The use of life. A history of biotechnology"）に日本の応用微生物学の活躍の様が記されており、坂口謹一郎は日本の応用微生物学の長老として位置づけられている。[10]

坂口謹一郎と村尾澤夫（一九二二—　）の酵素化学研究で最も評価され、特筆されるものは、ペニシリン・アミダーゼ（EC 三・五・一・一一、系統名・ペニシリン・アミドヒドロラーゼ）の発見（一九五〇）である。[11] ペニシリン・アミダーゼはアルカリ性でペニシリンなどのベータ・ラクタム系抗生物質のアシル基を加水分解により遊離し、抗生物質活性のない六‐アミノペニシラン酸とカルボン酸にする。その後一九六六年に、エリックソンとディーン（Erickson,R.C. & Dean,L.D.）によりこの酵素は酸性側で逆反応をすることが見いだされた。この酵素の逆反応の応用への展開は、醱酵化学の方法で得た天然骨格の各種のペニシリン、セファロスポリンなどをアルカリ性にして六‐アミノペニシラン酸と有機酸あるいは七‐アミノセファロスポラン酸と有機酸とに分離し、これらの天然型の生成物中の官能基（=有機化合物の性質を決める原子や原子団）を有機合成化学的に変換したものを酸性pH領域でペニシリン・アミダーゼにより抗生物質活性をもつ新奇化合物に合成するという、抗生物質の半合成法という画期的な製造方法をもたらした。ここに、醗酵化学・天然物化学と有機合成化学の融合による創薬化学の新領域が形成されることになった。

赤堀四郎

赤堀四郎は世界の生化学の祖父の一人ともいわれ、麹菌のアルファ-アミラーゼ（タカアミラーゼA）の大河研究を先導した。[12]–[14] また、酸性領域で動物膵臓から分泌される不活性のトリプシノーゲンをトリプシンに活性化する酵素を麹菌のコムギ麩《ふすま》培養物ならびにタカジアスターゼ原末の中から見出し[15][16]た。タカジアスターゼ剤に含まれる新しい消化機能をもつ酵素研究への展開をすすめた。赤堀の先見性は一九五八年、大阪大学に蛋白質研究所を創設したことに結実している。一九六六年には『酵素ハンドブック』[17]を編集出版し、その後一九八二年、[18]二〇〇八年[19]と新しく編集・改版され、日本の酵素研究に大きな影響を与えてきた。赤堀のものの見方・考え方の軌跡は、雑誌『化学』に「特集・日本のタンパク質研究のケースヒストリー」[20]、そして赤堀の随想集『生命《いのち》とは――思索の断片』[21]にある。今から半世紀も前に、タンパク質研究の重要性をとなえ、世界の生命科学を先導した。二一世紀の生命科学の焦点は、タンパク質の構造と機能（Protein architecture and function）にあたっている。

他にもある先導的な研究

分子生物学における貢献について、理化学研究所の安藤忠彦（一九二四―二〇〇二）は一本鎖の熱変性DNAに特異的に作用するヌクレアーゼS1（EC 三・一・三〇・一）を麹菌培養物であるタカジアスターゼから発見したことを見過ごすことはできない[22][23]。安藤の発見は内外の多くの分子生物学研究者に福音をもたらした。

デンプンの分解という実用的な産業分野における世界的に大きな貢献は、北原覚雄（一九〇六―一九七八）・久留島通俊らの糖質化学分野におけるデンプン糖化酵素・グルコアミラーゼ（EC 三・二・一・三）の発見[24]と、それに続く黒麹菌からのグルコアミラーゼの上田誠之助[25]（一九二一―　）、クモノスカビからのグルコアミラーゼの辻坂好夫（一九二五―　）ら[26]の研究である。甘味資源のない日本においてて、デンプン原料にグルコアミラーゼを作用させ生成するグルコース（ブドウ糖）を直接甘味料として用いるか、グルコースをさらにキシロース・イソメラーゼ（＝以前の名グルコース・イソメラーゼ、EC 五・三・一・五）を作用させてフルクトース（果糖）に異性化（分子式は同じだが性質の異なる化合物への変化）させてより甘味の強い糖質（異性化糖＝ハイ・フルクトース・コーン・シロップ）に変換させる知識集約型のバイオテクノロジー[27]は、日本の参松工業（株）により昭和五四年（一九六六）に世界で初めて工業化された。異性化糖は液状の糖で、果糖の組成を多くし果糖含有率五〇％以上のものを、「果糖ブドウ糖異性化糖」という。日本農林規格（JAS）も制定され、「異性化糖」および「砂糖混合液糖」として、品質規格が定められている。砂糖の消費量の半分くらいは異性化糖により占められている。

上田誠之助の研究は、生デンプン分解のグルコアミラーゼの研究に結びついた。生デンプン消化アミラーゼの利用は、糖質原料からエタノール（アルコール）製造工業にとっては、たいへんな省エネルギーをもたらし、製造コストを大幅に低下させた。

第七章　安全な麴菌と発がん性アフラトキシンをつくるカビ

食用の麴菌と発がん性毒カビ

麴菌 *Aspergillus oryzae* や、醬油麴菌 *Aspergillus sojae* はそれぞれ長い間、食用の微生物として馴《じゅん》致《ち》利用されてきた菌類である。これらの食用微生物は、後述する発がん性アフラトキシンをまったく作らない。

ところが、食用の麴菌の対極にある毒カビの存在として、ヒトの病原体のA・フミガッス（*Aspergillus fumigatus*）、近縁の野生種にA・フラブス（*Aspergillus flavus*）や、A・パラシチクス（*Aspergillus parasiticus*）という種がある。これらの野生種はいずれも、病原性の強い種である。抵抗力を弱めた人などの肺に感染しアスペルギルス症を引き起こすいわゆるカビである。また、これらの病原性菌は発がん性のマイコトキシンであるアフラトキシンをつくる。アフラトキシンは自然界から見つかった化合物のなかで、肝臓がんを引き起こす最強の発がん性を示す化合物である。

アフラトキシンと発がん性

一九六〇年にイギリスで、原因不明の「七面鳥X病」で七面鳥がバタバタと倒れる事故があった。原因は七面鳥の餌としてブラジルから輸入したピーナッツに、A・フラブスやA・パラシチクスなどのカビが生え、微生物毒マイコトキシンをつくったことによることがわかった[1]。アスペルギルス・フラブス・トキシンからアフラトキシン（*Aflatoxin*）と命名された[1]。

アフラトキシンはカルボニルとメチレンが交互につらなった基本構造（ポリケトメチレン）からなるポリケタイドと呼ばれる化合物に属す。アフラトキシンは大別して、紫外線をあてると青紫色の蛍光をだすB系列のB_1[2]（図7-1）、B_2と、紫外線により黄緑色の蛍光を出すG系列のG_1[3]（図7-1）、G_2がある。B_1とB_2の構造的な違いはアフラトキシンの八、九位が、B_1は二重結合であるのに、B_2はB_1の八、九位のジヒドロ誘導体である。化学構造を示す図では、最も左端の5員環（=5個の原子の構成メンバーよりなる環状構造）の部に相当する。発がん性はB_1が圧倒的に強く、G_1、B_2、G_2の順に弱くなる。アフラトキシンを含んだ飼料をウシにあたえると、牛乳中にM_1[4]とM_2の化合物がみられ、それぞれ体内でB_1と、B_2から代謝されてできた産物である。

アフラトキシンM_1（図7-1）は、酸素添加酵素によりB_1の九a位はヒドロキシル化され、毒性はあるもののB_1よりはるかに毒性が低いM_1に変換したものである。B_1からM_1への転換は肝臓の酵素による解毒化反応によることを示している。M_1とM_2の構造的な関係は、上記のB_1とB_2の関係、G_1とG_2の関係と同様な関係にあり、M_1は八、九位の結合は二重結合だが、M_2はM_1の八、九位のジヒドロ誘導体で

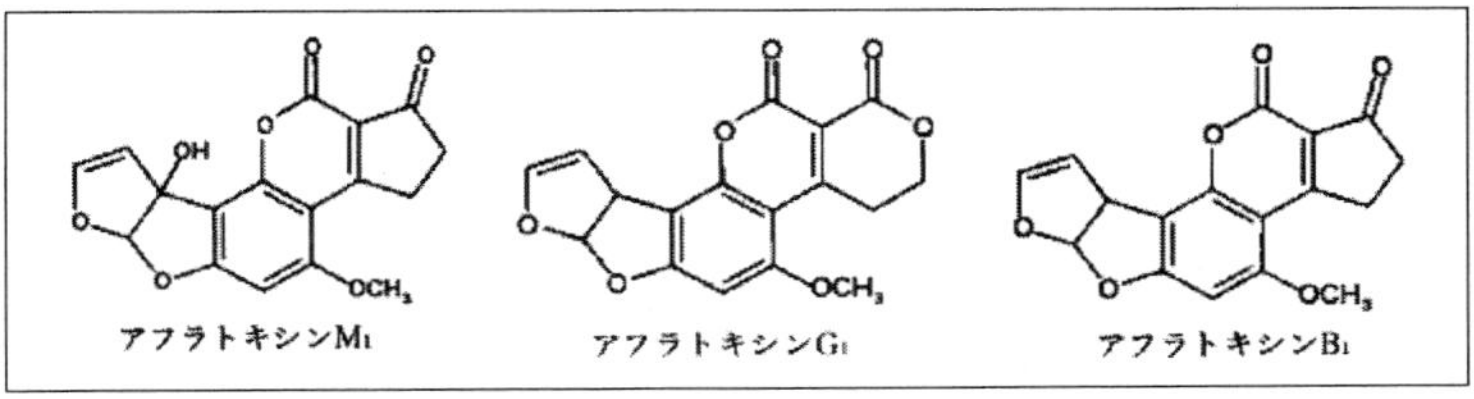

7–1 各種アフラトキシンの構造式

あり二重結合はない。

毒性はアヒルを用いた経口投与により、LD_{50}値はアフラトキシンB_1では体重五〇グラム当たり一八・二マイクログラム、アフラトキシンG_1では体重五〇グラム当たり八四・八マイクログラム（μg）であった。[5] アフラトキシンは蛍光物質なので、日光にさらすとB_1ならびにG_1ともに大幅に分解する。九日目では、B_1は九七％が、G_1では九二％がそれぞれ分解する。

アフラトキシンを投与すると、肝臓をはじめ腎臓などの臓器に約一〇％ものアフラトキシンの骨格構造がとり込まれる。肝臓は解毒の器官のため、アフラトキシンは最も多くとり込まれ、さらに滞留時間も長いことがわかった。アフラトキシン投与による、急性毒性の所見は門脈周辺部の実質細胞の壊死《えし》がまず現れ、そしてがん腫形成となる。

アフラトキシンB_1の発がんの仕組みをしらべると、本来のアフラトキシンB_1そのものは実は不活性の前駆体であり、肝臓中の一種の酸素添加酵素ミクロソーマル・シトクロームＰ－４５０の酵素反応によりB_1の八、九位の二重結合部位が酸素一原子をとりこみエポキシ化し、遺伝情報の担い手であるＤＮＡのグアニンと結合してＤＮＡとの付加物を生成するためと考えられている。したがって、ＤＮＡ中のトリプトファン・オキシゲナーゼやチロシン・アミノトランスフェラーゼなどの遺伝子情報をメッセンジャーRNA（mRNA）に転写することができなくなる。本来、肝臓中の酸素添加酵素ミクロソーマル・シトクロームP－450は、生体異物（ゼノビオティックス）を肝臓で水酸化することにより無害な分解物への代謝過程を進行させる解毒酵素なのだが、アフラトキシンの場合はDNAの情報を遮断することにより、むしろ発がんを誘発させるものといえる。

アフラトキシンを作るカビの特色

アフラトキシン生産性の野生株A・フラブスならびにA・パラシチクスはともにアフラトキシン生産性にすぐれた菌株である。アフラトキシンの生合成を簡単に要約すると、次のようになる。

アフラトキシンB_1ならびにG_1はともに呼吸中に生成されるアセチルCoAあるいはマロニルCoAから一〇ほどの化合物をへてアフラトキシン系の化合物B_2、ついでG_2に生合成される。五番目の化合物のところで、一部副経路がある。アフラトキシン生合成には二〇以上の遺伝子が関与し、これらは染色体上でクラスター（構造単位）を形成している。アフラトキシン生産菌においては、これらの遺伝子の転写は必須の転写因子（AflR）により活性化される。この転写因子AflRはアフラトキシン関連遺伝子クラスター内にある遺伝子*aflR*にコードされ、そのアミノ酸配列からGAL4タイプの亜鉛結合（ズィンクフィンガー（Zinc Finger））タンパク質であることがわかっている。転写因子AflRはアフラトキシン関連遺伝子の上流領域に存在する特異的部位に結合する。*aflR*遺伝子の破壊株はアフラトキシン生合成能を失う。転写因子 AflR のカルボキシル末端の欠失は、その転写活性に影響を与える。

醤油麴菌の安全性

ところで、日本の醸造工業に用いているA・オリザエならびにA・ソヤエに含まれる菌株群は古くから良く馴致した産業用の菌株で、ともにアフラトキシンを生産しないことが一般に認められている。

しかしながら、分類学上、食用の麴菌とアフラトキシン生産菌は非常に近縁である。何ゆえに、このような近縁の関係にあるにもかかわらず、かたや毒物を生産せず、かたや毒物を生産するのか、の問題は大変に重要な研究課題である。醤油麴菌A・ソヤエについて、キッコーマン研究所の松島健一郎はこの問題を次のようにして解決した。

まず、醤油麴菌A・ソヤエ株についてアフラトキシン生産性を確認したが、検定した一〇株のいずれも検出可能なアフラトキシンを生産していなかった。ついで、アフラトキシン生合成誘導培地で、アフラトキシン生産性のA・パラシチクスNIAH-二六を対照株として、それぞれの菌株からの無細胞抽出物中のアフラトキシン生合成にかかわる全ステップの酵素活性の測定をした。A・パラシチクス株では全活性を示したのに対して、A・ソヤエ四七七株では副経路の初発反応であるベルシノール・アセテイト (versinol acetate, VOAc) をベルシノール (versinol) に変換するVOAcエステラーゼ以外の活性はまったく認められなかった。このA・ソヤエ四七七株ではVOAcエステラーゼはアフラトキシン生合成とはまったく無関係な非特異的なエステラーゼと考えられた。

A・ソヤエ四七七株のアフラトキシン生合成関連遺伝子の発現を核酸レベルでのRNAの同定に用いられるノーザン解析（＝細胞中で発現している遺伝子転写産物（mRNA）のサイズや存在量を解析する方法）により検討した。この菌株をアフラトキシン誘導培地に三日培養後、全RNAを抽出し、電気泳動で検定し、A・ソヤエ四七七株ではアフラトキシン生合成に関与する遺伝子の転写産物であるRNAは検出されなかった。したがって、この菌株ではアフラトキシン生合成酵素をコードする遺伝子の転写産物は検出されないことがわかった。検討した菌株すべてについて、アフラトキシン生合成関連遺伝子の転写産物は検出されないことがわかった。醤油麹菌でアフラトキシン生合成酵素が検出されないのは、それらの酵素をコードする遺伝子が発現しないためであることが結論された。

転写因子 AflR はアフラトキシン生合成関連遺伝子の上流に特異的に結合し、その発現を促進する。すでに一九九九年にワッツオン（Watson）ら[8]により、A・ソヤエの aflR 遺伝子に二つの変異のあることが知られていた。ひとつは、一一一～一一四残基目にわたるヒスチジンとアラニンの重複（HAHAモチーフ）で、他は三八五残基目のアルギニンが停止コドンになったナンセンス変異である。そのためにA・ソヤエの aflR 遺伝子の翻訳産物（AflRas）はアフラトキシン生産性のあるA・パラシチクスの AflRap にくらべ、カルボキシル末端位の六二残基のアミノ酸を失った形で存在する。そこで、A・ソヤエの aflR 遺伝子の翻訳産物（AflRas）の機能を検証した[9]。その結果、翻訳産物（AflRas）の機能喪失の原因はカルボキシル末端の欠失によるもので、HAHAモチーフの重複によるものではないことが判明した。ただ、醤油麹菌A・ソヤエにおいても aflRas の転写産物がまったく検出されないことは、*aflR* 遺伝子そのもの以外に信号伝達に関する欠損が存在する可能性がある。Ａ・ソヤエの *aflR* 遺伝子の変異が、醤油麴菌Ａ・ソヤエはアフラトキシンを生産しない重要な要因であることが結論された。

麴菌の安全性

麴菌Ａ・オリザエは、野生株Ａ・フラブスのアフラトキシン生産の条件で培養しても、アフラトキシンは生産しないことはすでに知られている。[10] 麴菌Ａ・オリザエはアフラトキシン合成系の制御因子（*aflR*）の発現が確認できないこと、[11] そして麴菌Ａ・オリザエにおいてはアフラトキシン生合成系遺伝子の半分近くが欠損している可能性があること、[12] などが報告されている。しかし、欠失が認められない一部の麴菌Ａ・オリザエの制御因子（*aflR*）はＡ・パラシチクスやＡ・フラブスと同じ野生型であるにもかかわらず、制御因子の発現がないことが知られているので、麴菌Ａ・オリザエには遺伝子 *aflR* の転写を促す信号伝達系に未知の欠損が存在すると考えられている。[7]

麴菌の安全性について、独立行政法人酒類総合研究所ではゲノム解析に先駆けて、麴菌Ａ・オリザエＲＩＢ四〇（ＡＴＣＣ四二一四九）株のアフラトキシン生合成遺伝子群の解析が行われた。[13] すでに知られているアフラトキシン生産菌Ａ・フラブスのアフラトキシン生合成にかかわる遺伝子群はクラスター構造をとっている。Ａ・オリザエＲＩＢ四〇株で、Ａ・フラブスのアフラトキシン生合成にかかわる遺伝子群クラスターとホモロジーのある領域の全塩基配列を解析したところ、Ａ・フラブスのア

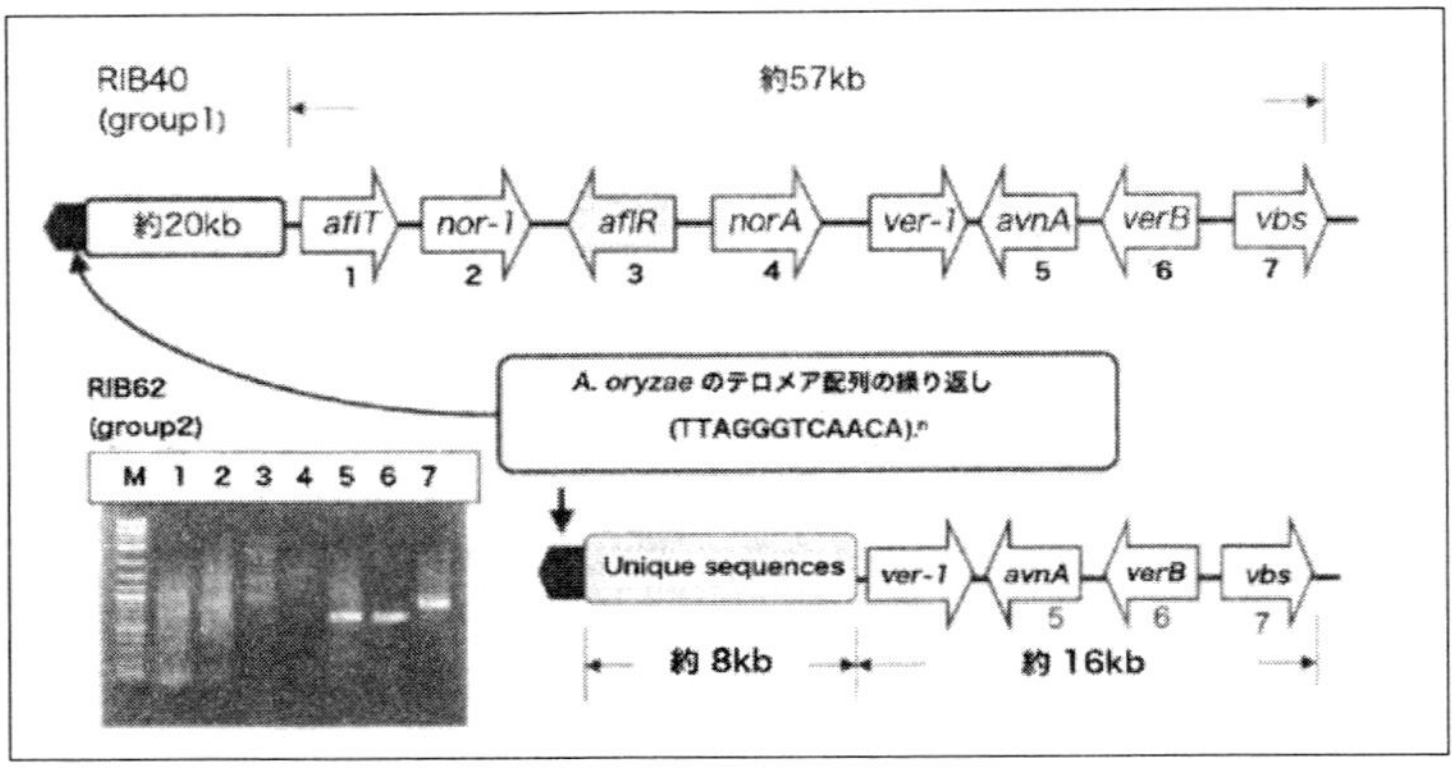

7–2　麹菌RIB40とRIB62のアフラトキシン生合成遺伝子クラスターの構造比較
秋田修『日本醸造協会誌』**101**, 536 – 548（2006）より

フラトキシン生合成にかかわる相同遺伝子群を全て有しており、アフラトキシン・クラスター中での遺伝子の配列順や方向も一致していた（図7－2）。個々の遺伝子ではアミノ酸置換などの変異や、アフラトキシン遺伝子（*aflR*）のプロモーター部位に存在する転写制御因子結合領域中に変異が認められた。このことから、転写因子（aflR）の制御下にあるアフラトキシン生合成に必要な酵素遺伝子のいくつかについて検討の結果、アフラトキシン生合成に必須の酵素遺伝子の発現はまったく認められなかった。以上、麹菌においては、アフラトキシン生合成遺伝子群は機能していないと結論された[14]。

いっぽう、アフラトキシン生合成遺伝子クラスターの大半が欠失しているA・オリザエRIB六二株について検討したところ、同株では、アフラトキシン生合成遺伝子クラスターは途中で分断され、真核染色体の末端小粒ともいわれるテロメア配列に続いて、それ以降にA・オリザエRIB四〇株には存在しない約八キロベース（Kb）

の配列が続いていることが明らかになった（図7-2）。この株ならびに類似の七七株について、すべてアフラトキシン生産能がないことが明らかになった。

なお、麴菌A・オリザエRIB四〇株は、独立行政法人酒類総合研究所の前身、国税庁醸造試験所の所長でもあった村上英也が昭和二五年（一九五〇）に分離した、原初の麴菌に近いと推定されている菌株で、ゲノム解析の対象株[15]となったものである。

安全な麴菌

麴菌ならびに醬油麴菌は、アフラトキシン生産培地で培養してもアフラトキシンは検出されず、また、遺伝子レベルにおける解析の結果からもアフラトキシン生合成系は欠失していることが明白になった。わが国の伝統的な醱酵食品製造のスターターである微生物の安全性が確認された。

第八章　麹菌の生物学

生物の系統と分類

生物の分野に系統と分類の考え方を最初に導入したのはリンネ[1]（Linné, Carl von 一七〇七―七八）であった。リンネはスウェーデンの植物学者で、生物の命名法として、属名と種名からなる「二名法」を創始した。この命名法は『植物の種』（一七五三）および『植物の属』の第五版（一七五四年、初版は一七三七年）に導入されたものであると国際的に認められている。一七五八年には、動物の分類にも二名法を応用している。

リンネが考案した分類体系は、今日にいたるまで基本的に変更なく用いられているものである。界（Kingdom）―門（Phylum〈Division〉）―綱（Class）―目（Order）―科（Family）―属（Genus）―種（Species）からなる。

植物の例は、植物界（Plantae）―種子植物門（Spermatophyta）―被子植物綱（Agrmaeiosp）―バラ目（Rosales）―バラ科（Rosaceae）―サクラ属（*Purunus*）―ソメイヨシノ（*edoensis*）となる。

動物の例は、動物界（Animalia）―脊椎動物門（Vertebrata）―哺乳動物綱（Mammalia）―食肉目（Carnivora）―イヌ科（Canidae）―イヌ属（*Canis*）―イヌ（*familiaris*）となる。

なお、学名はラテン語により表現することになっている。印刷物に記載する場合には、学名部分はイタリック体で記す。ヒトの学名は *Homo sapiens* である。知性人・叡知人の意味を持つ。ラテン語はすでに死語となったものであるから、言葉の意味が変わらない。学術的な表現による意味が後の世になっても正確に伝わるように配慮がなされ、そのためにラテン語は使われている。

ドイツの動物学者・進化学者ヘッケル（HAECKEL, E. 一八三四―一九一九）は、生物界にはリンネの提唱した動物と植物の二つの界の生物のほかに、細菌や藍藻などの生物を認め、これらを第三界の原生生物と位置付けた[2]。

アメリカの進化学者ホイッタッカー（WHITTAKER, R.H.）は、それまでの進化の系統樹が三つの界に分岐するという三界系統説をさらに発展させ五界系統説を提唱した[3]。原核生物（モネラ界生物）と真核生物を明確に区別したことである。ここでは、生物の栄養獲得形式を重要視した。植物は光合成、動物は消化、菌類は吸収による栄養獲得の形式である。さらに、生物の細胞内容物の形態と機能を重要視した。動物、植物、菌類そして原生生物の四つの界に属する生物は、いずれも遺伝の情報を担っているデオキシリボ核酸（ＤＮＡ）はそれぞれ核膜によって包まれている。これらを、真核生物という。最下等のモネラ界の細菌や藍藻ではＤＮＡは核膜によって包まれていないので、これらを原核生物という。動物、植物、菌類、そして原生生物の四界に属するそれぞれの生物はタンパク質の合成にかかわる顆粒であるリボソームは八〇Ｓの大きさだが、モネラ界の生物のリボソームは七〇Ｓの大きさである。なお、Ｓは沈降定数をしめす。麴菌は動物、植物に次ぐ第三の高等な生物群として位置付けられている菌類界の生物である。

一九九〇年にウーズ（Woese, C.R.）らは、主として細胞中の小顆粒であるリボソームのリボソームＲＮＡ（rRNA）分子のヌクレオチド配列情報から生物を三群に大別する系統樹を示した[4]（図８‐１）。動物界、植物界、菌類界を含む真核生物は一所にまとまりユーキャリアというドメインを形成し、真正細菌はバクテリア・ドメインを、メタン細菌などの古細菌あるいは後生細菌と呼ばれるグループの生物をアーケア・ドメインに属すると呼ぶことを提唱した。なお、ドメインとはウーズによって提案された界より上位の分類単位を指すのだが、国際命名規約が規定している階級上の地位はない。しかしながら、アーケア、バクテリアという名称はすでに一般化しており、バージェイズ・マニュアル第二版（Bergey's Manual of Systematic Bacteriology 2nd. Ed.）でも、ドメインは最高次の分類階級として採用されている[5]。

従来、進化の系統樹はホイッタッカーの提出した五界系統説によれば、真核生物には動物界、植物界、菌類界、原生生物界の四界が含まれ、原核生物にはモネラ界のみであった。ところが、ウーズによる提案のリボソームＲＮＡ遺伝子情報からの三ドメイン説による進化の系統樹では、従来の真核生物の四界に含まれていた生物は遺伝子的には近いということからユーキャリア・ドメイン（真核生物ドメイン）にのみに包含され、これに対して原核生物は遺伝子的に多様なことから、バクテリア・ド

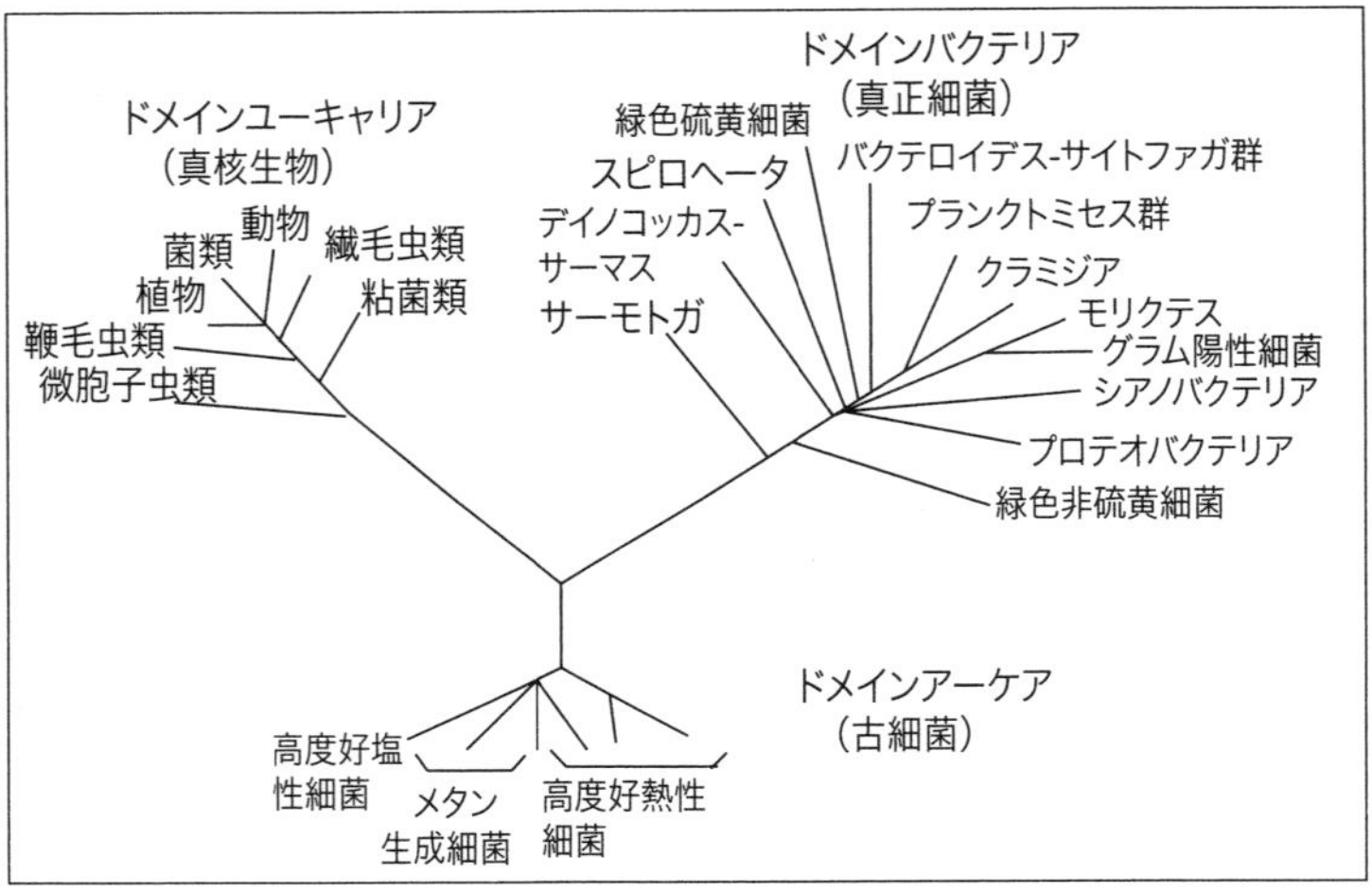

8–1　生命進化の系統樹 16S rRNA（原核生物）または 18S rRNA（真核生物）遺伝子塩基配列に基づく生物の系統樹
清水昌・堀之内末治編『応用微生物学』第二版　文永堂（2006）より

メイン（細菌ドメイン）とアーケア・ドメイン（古細菌＝後生細菌・ドメイン）の二ドメインに広く対応することとなった。

したがって、リボソームRNA遺伝子情報からの三ドメイン説では、従来からの進化の系統樹的には大きく複雑に考えられてきたヒトを含めた真核生物の占有領域は狭められている。なお、麴菌を含む菌類界は、動物と植物の間に位置している。

真菌類とその特徴

最近の菌類の系統分類学からの情報によると、有性世代の表現型テレオモルフにおいて閉子嚢殻を形成する点を特徴とする。[6] 栄養体は菌糸状、外部に開いた特別な孔口部のない密閉された亜球形の閉子嚢殻のなかに子嚢を散在して形成する。[6]

菌類の分類大綱と細胞壁構成分である繊維状多糖類とは密接な関係がある。[6][7]

ツボカビ門　――多糖類はキチンとグルカン
接合菌門　――多糖類はキチンとキトサン
子嚢菌門　――多糖類はキチンとベータ‐グルカン
担子菌門　――多糖類はキチンとベータ‐グルカン

菌類細胞壁の主要成分であるキチンはN―アセチルグルコサミンがベータ‐一、四結合により直鎖状につながったホモポリマーである。そして、ここにある、ベータ‐グルカンはいずれもベータ‐一、三‐結合と、ベータ‐一、六‐結合をもつグルカンである。

生物の形はいろいろなしくみにより決定される。興味深いことは、比較的単純な形の菌類は細胞壁により形づくりの基本ができ上がる。細胞壁の多糖類のキチンについて探った例を示す。

菌類細胞壁の主要成分であるキチンのキチン合成にかかわる酵素は五系統からなる。遺伝学のモデル菌類であるA・ニドゥランス菌（*Aspergillus*〈完全世代は*Emericella*〉*nidulans*）のキチン合成酵素I～IVについて、それぞれの遺伝子、あるいは二つの遺伝子を欠失させて、分生子柄や菌糸の形態に及ぼす変化を詳細に検討した研究がある。[8]単独の遺伝子破壊によると、キチン合成酵素IIIをコードしている遺伝子（*chsG*）破壊株は菌糸の成長速度が低下し、また分岐が増加し分生子の形成率は低下した。キチン合成酵素Iをコードしている遺伝子（*chsC*）とキチン合成酵素IIをコードしている遺伝子（*chsA*）の二重破壊変異株（AC株）は菌糸細胞壁形成に異常がみられ、分生子ならびに分生子形成器官の形態形成に異常がみられ、そして各種のキチン合成酵素阻害剤に対して阻害され易くなった。キチン合成酵素IIをコードしている遺伝子（*chsA*）とキチン合成酵素IVをコードしている遺伝子（*chsD*）の二重破壊変異株は分生子形成に異常を、さらにキチン合成酵素IIIをコードしている遺伝子（*chsB*）とキチン合成酵素IVをコードしている遺伝子（*chsD*）の二重破壊変異株は菌糸細胞壁の形成に異常が見られた。

真菌類は、酵母を除いていずれも糸状の菌糸の集まりであり、ところどころで融合して菌糸体（マイセリウム）を形成しているものと、分生子（胞子ともいう）を着生する子実体からなる。真菌類は無隔壁の栄養菌糸を形成する下等菌類と有孔隔壁の栄養菌糸を形成する高等菌類の二群に分けられる。下等菌類にはツボカビ門と接合菌門の二門が、後者の高等菌類には子嚢菌と担子菌の二門が含まれる。不完全菌類は系統上、高等菌類の二門のいずれかに位置づけられる。(6)

子嚢《しのう》菌類ならびに関連の不完全菌の一部に細胞壁と細胞壁の間の隔壁で仕切られ菌糸細胞を形成し、隔壁には隔壁孔がある。隔壁の形は菌類の分類大綱ともかかわりがある。そして、この隔壁孔のそばにウォロニン・ボディ（Woronin body）とよばれる細胞小器官・オルガネラがある（図8-2）。ウォロニン・ボディは通常、隔壁近くに局在し、菌糸が損傷したときに隔壁孔をふさぐはたらきをする。別のアカパンカビのウォロニン・ボディ形成にかかわる遺伝子（*hex-1*）と同じ機能もつ遺伝子（*hexA*）を麹菌からクローニングし、この遺伝子産物（HexA）に蛍光が標識されるように遺伝子を融合し麹菌に導入して損傷した菌糸を観察すると、ウォロニン・ボディは隔壁孔を塞ぐようにその中央

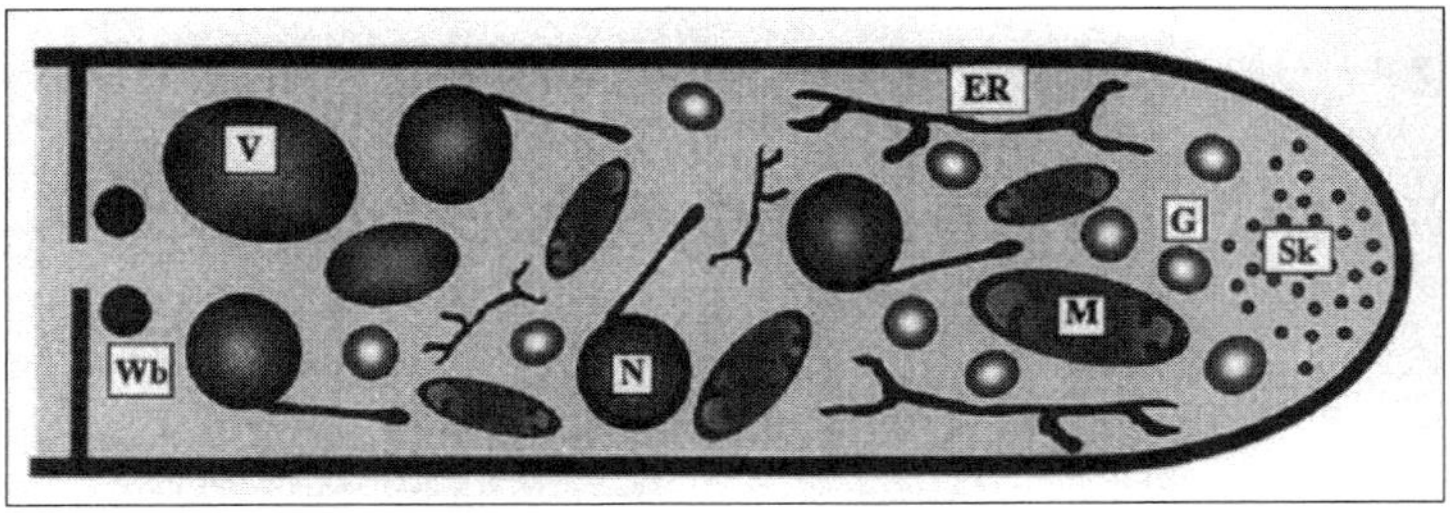

8–2 麹菌細胞構造の模式図　ER：小胞体 ,G：ゴルジ体 , M：ミトコンドリア , N：核 , SK：pitzenkörper（先端小胞の集団）, V：液胞 , Wb：Woronin body
丸山潤一・北本勝ひこ『日本醸造協会誌』**99**, 751 ～ 759, (2002)

部に蛍光が集中するのが観察された[9]。

麹菌の特色は不完全世代

わが国の醸造に利用されている麹菌はアインスワース（AINSWORTH）[10]によると、真正菌門（Division）Eumycota－不整子嚢菌綱（Class）Plectomycetes－目（Order）Eurotiales－科（Family）Eurotiaceaeに含まれるもののうち、有性生殖環をもっていないもの（不完全世代）の一部に設けられたアスペルギルス属（Genus *Aspergillus*）に属する微生物である。なお、有性生殖環を持つものはユーロティウム属（Genus *Eurotium*）など多くのものがある。ところが、ゲノム解析の結果産業上有用な食用微生物種麹菌A・オリザエ（*A. oryzae*）、ヒトの病原体種のA・フミガツス（*A. fumigatus*）、そして遺伝学のモデル種であるA・ニドゥランス（*A. nidulans*）の三種の近縁種との比較により、麹菌は有性生殖をする可能性が判明した（「はじめに」の項参照）。

麹菌の学名は*Aspergillus oryzae*である。この学名は、カトリック教の灌水器を意味するラテン語の aspergillum に由来する。カトリック教の日曜日の正式（荘厳）ミサの前に司祭が会衆に聖水をふりかけて清める灌水式（聖水散布式）のことを Asperges という。この聖水をふりかける容器が aspergillum である。カビである *Aspergillus* の梗子《こうし》（口絵）がこの灌水器に似ているところから名付けられた。

麹菌分生子の分化と菌糸の形態変化

麹菌の生活史は、「分生子（分生胞子）」のそれと「菌糸」の生活史に分かれる。[11] この両者の間の変化は、分化の一つのモデルとしてとらえられている。

麹菌の分生子は植物の種子に相当するもので、その形態は球形の非常に堅固な構造をとっている。分生子中の核数は二核のものが最も多く、次いで一核、三核の順である。[9] 単核のものもかなり存在している。東京大学の丸山潤一らは麹菌の核を可視化するために、オワンクラゲからの緑色蛍光タンパク質の二重変異タンパク質（F64L/S65T）をA・ニドゥランス菌のヒストンH２Bとの融合タンパク質として発現させるために、このタンパク質をコードする遺伝子を麹菌の細胞内に導入した。この色素に染色された麹菌は運動している状態も観察される。麹菌の核輸送に関与するアクチン関連タンパク質をコードする遺伝子（*arpA*）を破壊すると蛍光のダイナミックな動態は見られなくなった。蛍光染色し発芽している分生子の核は蛍光顕微鏡下で明らかに可視化された。[9] 細胞内の核数は大部分、多核で二〜五個であった。麹菌は醸造産業において、遺伝的安定性を保つことが重要である。長年の選抜にあたって多核のものが選抜されてきたと考えられている。

直径約三・五マイクロメートル（μm）の分生子を摂氏三〇度の水に漬けると、水分を吸収し数時間で直径約六―七マイクロメートルに膨潤する。この分生子の吸水による膨潤に深く関わる細胞壁多糖類がアルファ－マンナンである。マンノース間のアルファ－一、六結合を主鎖とし、アルファ－一、二結合とアルファ－一、三結合をそれぞれ側鎖とするハイ－マンノース型糖鎖である。植物のコンニャクのマンナンはベータ－一、六結合を主鎖とするベータ－マンナンである。アルファ結合によるアルファ－マンナンも、植物のベータ－マンナンと同様に水を吸って膨潤する。

ついで、「発芽管」を生じる。成育の適当な時期に、培地中に放射性同位元素を与えると、この同位元素により標識される細胞壁構成成分は発芽管の先端部に集まる。麹菌は、植物に見られるように、「先端成育」をして、細胞を伸展させる。この先端成育という言葉は、部間成育という言葉に対比するものである。

麹菌の分生子に水を与えると、休眠状態から代謝活性の活発な状態に変換する。植物の種子に水を与える際と同様の現象である。麹菌の分生子はグルコースを炭素源として与えると、発芽後四時間目には次に示す三つの加水分解酵素を合成し、液体培地の中に分泌する。[12] 第一は、デンプンやオリゴ糖の非還元性末端のアルファ－一、四結合を加水分解しグルコースを遊離する糖化酵素グルコアミラーゼ（EC 三・二・一・三）で、第二は、デンプンにランダムに作用して内部のあちこちのアルファ－一、四結合を加水分解しオリゴ糖を生成するアルファ－アミラーゼ（EC 三・二・一・一）、そして第三は、酸性側でタンパク質を加水分解するいわゆる酸性プロテアーゼ（アスペルギロペプシンI、国際酵素委員会の系統名はAspergillopepsin I、EC三・四・二三・一八）である。そして、別に恐らくは酸性領域でアミノ酸を遊離する能力を持つタイプの酸性カルボキシペプチダーゼの存在も強く推定される。これらの酵素は、菌糸先端部から外部環境に分泌され、そしていずれも菌体の環境外にある培地の中の栄養物となる高分子のデンプンやタンパク質を加水分解し、低分子化した糖やペプチドとして吸収し菌糸の栄養とする。ホイッタッカーが五界系統説[3]で提唱した「菌類の栄養獲得は吸収法」であることをしめすものである。なお、麹菌の培養の初期は、クエン酸を生産分泌し周囲の環境を酸性にする性質がある。したがって、タンパク質の分解には酸性環境を好む酸性側に最適pHをもつ加水分解酵素が発芽初期に合成されるのであろう。

なお実際に多数の麹菌分生子をとり、試験管斜面培地などに接種しても発芽するものは普通その数%に過ぎない。これは分生子が形成されてから一定の期間（一〇日間位）の熟成時期を経ることが必要とされていることを示すものである。円形集落コロニーの各部を比較しても、周辺より中心部に生育している菌株の方が発芽率は高いこともわかる。

麹菌の成長における環境適応性はきわめて強くかつ鋭敏である。酸素吸収に際しても、固体表面（麹）培養の菌体は空気中の酸素に対して、液内培養の菌体は液中の溶存酸素に対して、それぞれ、ともに強い親和性を示す。この性質は分生子発芽前の細胞膨潤期に現れるから、液中で発芽させた菌体を蒸米上に移植しても製麹総時間を短縮することはできず、結局は分生子を蒸米上に散布して製麹した場合と同じことになる。

分生子から発した一本の菌糸の伸長には一定の方向性があり、初めは成長速度が速いが、菌糸の長さが八〇～一〇〇マイクロメートルを越すと一定の速度になる。これは、切断された菌糸が伸長を続けるためには少なくとも一つの「隔壁」とそれより一〇〇マイクロメートル程度の後続菌糸が必要であることを示している。

麴菌菌糸の多様性

菌糸には、伸長する際に培地に接して栄養分を吸収する「基底菌糸」と、空中に向かって酸素を摂り水分などを発散する「気菌糸」がある。この仕組みは、植物における根と茎、側根と枝の関係に対比される。基底菌糸や気菌糸の一部は「柄足細胞」となり、ある長さまで垂直に伸長して「分生子柄」となり、その頂点は球状に膨らんで「頂嚢《ちょうのう》」となる（口絵）。頂嚢の表面から一面に徳利状の突起が出て「フィアライド」となり、その先端から次々と数珠《じゅず》状に「分生子」を生じ、分生子は先端の方ほど熟成している。また、菌の種類によってはフィアライドがやや伸長して二つに分かれ、基底の方を「メトレ」、先端の方をフィアライドと呼ぶ。(13) メトレの上にフィアライドが二個並んで生じることもある。頂嚢部を含むこの複雑な部分を一括して分生子頭というが、これがいわゆる「子実体」で、その形にはいろいろある。

菌糸の先端成長

麴菌の成育の特色は先端成育（頂端成長 apical growth）をして、細胞を伸展させることである。活発に成長している菌糸の先端には多数の小胞があって、その一部は先端細胞膜と融合している。菌糸内には核があり、長い先端細胞内には他の細胞よりも多く存在して盛んに核分裂を行っている植物の成長点の様相を呈している。基部に近づくにつれて核分裂は衰えて遂には休止核となるが、原形質流動などによる老若核が交じり合うことはない。菌糸の成長と核分裂の速さとの関係は複雑である。

菌糸細胞内の物質濃度は屈折率の相違などによってよく調べられており、先端部は物質の濃度が低いが、先端から離れると濃くなって、細胞質は細胞壁の裏側にうすく張り付いたような状態になってくる。栄養物質の吸収は基底菌糸の先端で行われ、タンパク質や核酸などの生合成は先端部の細胞で盛んで、基部ではタンパク質の代謝回転が盛んである。先端に近い部分で酵素は生産されるのだが、もちろん先端成長以外の部分でも形態形成のような特殊機能を発揮するのに必要な酵素などのタンパク質合成は行われている。

発芽について、培地成分として、黄色アスペルギルス類としては硝酸アンモニウム、L—アラニン、アデニンなどを、黒色アスペルギルス類としてはL—アラニン、L—プロリン、グアニンなどを、そしてそれぞれについてその他に、グルコース、リン酸塩などを必要とし、かつ気相（=物質が気体となっている状態）中に二酸化炭素が〇・一％程度必要である。(14)(15) この濃度は、通常の空気中の〇・〇三％に比べて三倍以上である。

菌糸の成育条件

気菌糸はこれを培地につけても直ぐに栄養吸収を行わず、数時間後に行うようになり基底菌糸となる。これを菌糸転換という。二酸化炭素は呼吸により生産されるが、成長に当たってはこれを細胞合成素材として活用し、その活性は気菌糸の方が著しく高い。

麹菌の増殖をとりまく一般的な環境条件は次の通りである。麹菌の増殖速度は菌種によって摂氏二八—三八度の間で大きく一般的には摂氏三二—三六度で最大の速度を示すが、各部器官の大きさや形は摂氏二四—二六度の培養の方が大きく充実している。黒色アスペルギルス類では摂氏三五度以上ではまったく増殖しない株（*A. heteromorphus*, *A. ellipticus* など）もある。

成育における培地のpHの許容範囲は広く二・一—八・七の領域で成育するが、一般には四・九—五・七の領域を最適とし、菌種によって少しずつ変動する。

水分については、次式で示される。

$$A_w = P / P_o$$

成育のために利用できる形の水分（自由水）の量を水分活性（A_wと略）といい、溶液の蒸気圧Pをその温度における溶媒（水）の蒸気圧P_oで除した値で示す。水分活性の値は麹菌*A. oryzae*では〇・九四以上、クロカビ*A. niger*では〇・八九程度である。乾燥に強い鰹節のカビ、アスペルギルス・グラウクス（*Aspergillus glaucus*）は低い水分活性値を示す。

分生子の耐熱性は、乾熱状態では概して摂氏一〇〇度で六〇—九〇分の熱処理により死滅する。湿熱状態では摂氏一〇〇度で二〇—三〇分間で死滅する。

培地の一般成分との関係では、黄緑アスペルギルス類には硝酸塩を、黒色アスペルギルス類には亜硝酸塩を添加すると、増殖は甚だしく遅れるものがある。

呼吸と醗酵の妙

麹菌はひとつの生命体として、酸素を効率よく消費する呼吸と、無酸素の状態で生命を維持する醗酵のしくみを上手に使い分けて生活している生物である。

細胞内にあって呼吸機能をもつ〇・五—一・〇マイクロメートルの微小な顆粒ミトコンドリアは菌糸先端にはないので、呼吸は菌糸先端部以外の細胞で行われる。生物が生命を支えるために最も重要で効率のよい化学エネルギー物質アデノシン三リン酸（ＡＴＰ）生産の形式は呼吸である。呼吸はグルコース（$C_6H_{12}O_6$）一モルを完全に酸化して三八モルのＡＴＰを与える。

$$C_6H_{12}O_6 + 6O_2 + 38ADP + 38P_i = 6CO_2 + 6H_2O + 38ATP$$

麹菌 *A.oryzae* の若い菌体から得たミトコンドリア画分は低温スペクトルで解析するとシトクロム

a、二種のb型シトクロムとシトクロムcを含む。[16] このシトクロムcはウシのシトクロムaと反応しないので動物のものとは著しく異なったものである。クロカビ *A.niger* のミトコンドリアについての研究もある。

呼吸代謝系については他の生物のものとほとんど変わらない。[17][18] エネルギー生産経路が代謝の中心で、次の三つの仕組みよりなる。

（一）　エネルギー生産

（二）　還元型補酵素ニコチンアミド・アデニンジヌクレオチド（NAD(P)H）の形で、生合成反応に還元力を供与する

（三）　特定の範囲の生合成経路に中間体を供与する

エネルギー生産に際し、糖あるいは糖誘導体が代謝される経路は下記の三つのうちの一つを通る。

（ア）　エムデン・マイヤーホッフ・パルナス（EMP）経路

（イ）　ヘキソース－リン酸（HMP）側路（ペントースリン酸回路）

（ウ）　エントナー・ドウドロフ（ED）経路

エムデン・マイヤーホッフ・パルナス経路は醗酵、ならびに呼吸に用いられる最も一般的な糖代謝経路である。このそれぞれの糖代謝経路におけるATPとNAD(P)Hの産生は、それぞれグルコース一モルあたりATP二モル、NAD(P)Hは二モルである。

ヘキソース－リン酸側路は、一般的にはあまり利用されないが、真菌の分化の際には、NADHの

代わりにNAD(P)Hを供給する上で重要で、また核酸のリボースを供給する上で重要である。

いっぽう、エントナー・ドウドロフ経路は、真菌ではきわめて限られた場合でしかみられない。

ミトコンドリアのない菌糸の先端部ではエネルギー獲得は醱酵に依存している。麹菌がエタノールを生産することは古く田宮博により研究された[19]。あらかじめ発育した菌体に酸素を送ると、呼吸により盛んにこれを消費して菌体重量を増し、酸素を杜絶するとエタノールを醱酵により生産して菌体重量は減少することを見出したことによる。

呼吸　$C_6H_{12}O_6 + 6O_2 = 6CO_2 + 6H_2O$　$\Delta G'_0 = -2{,}872$ kJ/mol（グルコース）

醱酵　$C_6H_{12}O_6 = 2C_2H_5OH + 2CO_2$　$\Delta G'_0 = -177$ kJ/mol（グルコース）

この変化を二酸化炭素対エタノール（CO_2 対 C_2H_5OH）のモル比で比較した結果、培地のpHが影響し、pH五・五—六のときだけ一対一で菌体重を減少しないのだが、pH六・五—八・五または二・二では多量の二酸化炭素を生じて自己消化を起こして菌体重を減少させる。

糖の代謝はエムデン・マイヤーホッフ・パルナス経路による解糖と醱酵により行われるが、エタノールの生産量は菌種と、培養法により大差がある[20]。また、菌齢[21]によっても変わる。

麹菌遺伝子発現の特性

日本の醸造の最大の特色は、麹造りにある。日本酒（清酒）醸造の重要な事柄は「一麹《きく》、二酛《もと》、三造《つく》り（あるいは、三醪《もろみ》）」に要約されている。醤油醸造の三重要項目は「一麹《きく》、二櫂《かい》、三火入れ」、味噌醸造の重要事項は、「一焚《た》き、二麹《きく》、三仕込《しこみ》」といわれる。日本酒（清酒）に見られるように、麹菌は「ばら麹」ともいわれる固体培養法による。醤油醸造も味噌醸造も固体培養による麹による。

麹菌の遺伝子発現について、一九九八年、月桂冠（株）の秦洋二により画期的な発見があった[(22)-(24)]。麹菌は固体培養で特異的に大量に発現するグルコアミラーゼの遺伝子（*glaB*）をもち、液体培養で発現するグルコアミラーゼの遺伝子（*glaA*）は別にあるというものであった[(22)-(25)]。そして、固体麹で大量に発現するグルコアミラーゼ遺伝子（*glaB*）の発現を誘導する因子は「低水分活性」、「高温培養」、「菌糸伸長ストレス」などの環境因子であると考えられるものであった[(25)(26)]。後述するが、環境因子が遺伝子発現に影響を与えるこれらの発見は、麹菌醸造工業から一般の生物産業に広く及ぼす効果をもち、従来考えられなかったような新展開が可能となってきた。

第九章　麹菌醸造産業の思想

日本の醸造の思想

日本の醸造の思想は、安全な食用微生物の反応を巧妙に連携利用するところにある。素晴らしい醸造物は、原料穀物の育種・作付け・選抜から、前処理にはじまり、使用する微生物の種の選択などに骨身をけずる当事者の毎日の生活によりもたらされる。

（一）麹菌を加熱した穀物に生やし「麹」をつくり、麹によりできたさまざまな酵素の触媒化学反応を利用して、原料穀物を極力分解する。

（二）米麹あるいは、醤油麹、または味噌麹を、それぞれ仕込むことにより、日本酒（清酒）では醪《もろみ》に、醤油・味噌では食塩を加えて諸味《もろみ》にする。この状態は、酵素の触媒化学反応の進行を助長する。そして、酵素の反応産物の中から醱酵性の糖を利用し、日本酒（清酒）では清酒酵母サッカロミセス・セレビシアエ（*Saccharomyces cerevisiae*）、醤油・味噌では耐塩性酵母のチゴサッカロミセス・ルウキシー（*Zygosaccharomyces rouxii*）による盛んなアルコール醱酵をもたらす。

(三) ついで、麴菌により分解された麴中の分解産物と、酵母により生成されたエタノールの間で麴菌の酵素による合成反応が行われる。この合成反応の生成物はいくつか知られているが、麴菌醸造産業のみにみられる特異的な化合物が存在する。後述するヒトの肌を美しい桜色にするエチル-アルファ-グルコシドはそのひとつである。飲んでよく、風呂の湯にまぜてよい効果がみられる。

麴菌と酵母という二つの異なった微生物のはたらきを巧みに利用している。

日本の醸造はすべて、微生物の菌体、つまり微生物のからだを食べるという行為にいきつく。日本酒(清酒=新酒税法の品名)、焼酎(単式蒸留しょうちゅう=新酒税法の品名)、醬油、そして味噌、すべてそうである。醸造微生物の菌体成分の中には、長寿への道連れとなる各種の薬理効果を持つものが数多く見つかってきた。今日、世界的に注目されてきたプロバイオテックスの考え方を古くから実施してきたのが、日本の人びとであったといえる。日本人の健康寿命は(二〇〇三年度、世界保健機構の報告による)男性は七二・三歳、女性は七七・七歳で、いずれも世界第一で、しかも四年連続世界一である。

ところで、法隆寺、薬師寺の棟梁として有名な最後の宮大工といわれる西岡常一は、次のように記している。(1)

私らが相手にするのは檜です。木は人間と同じで一本ずつが全部違うんです。それぞれの木の癖を見抜いて、それにあった使い方をしなくてはなりません。そうすれば、千年の樹齢の檜であれば、千年以上持つ建造物ができるんです。これは法隆寺で立派に証明してくれています。

「ものつくりの精神」がみごとに解説されている。建築ではないので、醸造品は味わえばその場で消えてしまい記憶にしか残らないものだが、日本の醸造の場には同じような「ものつくりの心」がながれていると思う。

日本酒醸造の特異性——並行複醱酵

日本酒は清酒ともいう。日本を代表する酒である。日本酒醸造の特色は次のように要約される。

一麴《きく》　二酛《もと》　三造《つくり》

日本酒醸造の根本に「麴《こうじ》」が、存在している。麴菌は菌類に属する微生物だが、温帯に位置する日本列島に生育しやすく、安全で、米に相性の良い性質がある。古い記録を探ってみる。和銅六年（七一三）の詔に基づいて撰進された『播磨国風土記』によると、神代に遡《さかのぼ》って酒を醸したと推定される。(2)

大神の御粮《みかれひ》（または糧）　枯れて梅《かび》（または黴）生えき　即ち酒を醸さしめて　庭酒《にわき》に献《たてまつり》て宴《うたげ》しき

ここで、生えてきたのは、神に供えた「粢《しとぎ》」に麴菌が生えたのではないかとも推定されている。粢《しとぎ》は米粉を清水でこねて長卵形にして神に捧げたものであった。なお、庭酒のニハは斎庭、キは酒の意である。

日本では、日本酒、焼酎の一部、醬油、味噌、味醂の製造には麴菌が使われてきた。中国・朝鮮で酒造に用いられる麹《こうじ》は「麯子《きょくし》」である。粉砕したり蒸したりした穀類を練り固め、糖化作用を有するカビ（黴）類・酵母類を繁殖させ、煉瓦《れんが》のような形態のものである。この麯子《きょくし》の内部に生育するカビはクモノスカビ（*Rhizopus*）やケカビ（*Mucor*）が主なものである。ところが、日本で用いられる麴は、米粒に生育させた「ばら麴」である。なぜ、このような違いが「麴」造りの場にみられるのかは、坂口謹一郎の名著『坂口謹一郎　酒学集成　1―5』(3)や、上田誠之助の『日本酒の起源』(4)に記されているとおりである。ここに、日本の醸造独特の独創性が発揮された典型的なすがたを見ることができる。

日本酒（清酒）造りのなかで、厳冬の麴つくりは中でも最も大切なものである。原料の米から、日本酒の酒造に適した大粒でタンパク質の少ない「酒米」が選ばれる。山田錦、五百万石、日本晴などがよく使用される。麴をつくるさいに、それぞれの蔵によって選び抜かれた麴菌（*Aspergillus oryzae*）菌株の菌糸が蒸米の中心に向かってよく伸びる「突きはぜ麴」になるものが、好まれる。菌糸は伸びることにより、周りの環境から養分を吸収するために、各種類の加水分解酵素を菌糸から分泌し、蒸米中の菌糸周囲の有機物を効率よく分解するのである。

「良水は銘酒を育む」といわれる。酒つくりの水「汲水」はきわめて重要である。鉄とマンガンは酒つくりの有害成分となる。

生酛《きもと》は、蒸米七〇キログラム、麴三〇キログラム、仕込水一一〇リットルの割りで、三者を十分に冷やし、一〇時間くらいして米が水を吸ったところで、酛すりという山卸《やまおろ》し作業をする。酒母《しゅぼ》をつくり出す作業だが、ここにすばらしい微生物管理技術がある。第一期は摂氏約八度で、亜硝酸生成による野生酵母の淘汰がある。第二期は摂氏約一〇〜一五度で、乳酸菌による乳酸の生成である。第三期は、十分に酸性になった環境は品温も上昇し、蒸米の分解が進み、糖分も三〇％近くになる。酵母の増殖を待つばかりとなる。雑菌はほとんど見当たらない状態である。ここに、純粋培養した酵母菌を加え、酵母の増殖・醱酵によりアルコールを生成させる。面白いことに、生酛に生えてくる乳酸菌二種はアルコール耐性に弱く、アルコールの濃度が高くなると消えてしまう。以上は、「日本古来の酒母づくり」[5]の仕組みである。目に見えない微生物の姿を、微生物の集団が表現する別の現象をとらえて、微生物管理をする、いわば「神業」とでもいうような酒母作りの技術である。

今日では、江田鎌次郎により、乳酸醱酵の代わりに市販の乳酸を加えて、安全に早く仕上げる速醸酛が開発されている[5]。

日本酒の醸造期間における微生物相の変遷は、生態系の特徴を巧みにとりいれ日本酒造りに導いてきたテクノロジーとして今日の科学の目をもってしても、目をみはるものがある。

日本酒造りの特異性に焦点を当てて、具体的に要約すると、次のようになる。

（一）　よく精米した米を原料とし、米麴を糖化剤とする。

（二）醗酵タンクは密閉型ではなく、開放型のタンクによる。

（三）原料のデンプンの糖化とアルコール醗酵が均衡を保って進行する。日本酒の醪《もろみ》中におけるアルコール醗酵は、世界の醸造酒のなかで二〇％前後という最も高いアルコール濃度の酒を製造する特徴を持っている。この原理は、麹菌の酵素によるデンプンの糖化と酵母によるアルコール醗酵は「並行複醗酵」のかたちで行われることによる。

日本酒の機能性

酒に含まれるアルコール（エタノール、C_2H_5OH）（図9‐1）は飲むと、胃で三〇％が、残りは小腸上部で吸収され血液中にとどけられる。エタノールは血液一〇〇ミリリットルあたり五〇ミリグラムになると、脳の中枢神経に作用して酔いをもたらす。[6]

大脳生理学的には、エタノールは古い皮質を解放する役割をはたし、ストレスからの解放をもたらす。古い周縁皮質にある神経伝達の受容体タンパク質（*N*‐メチル‐D‐アスパラギン酸（NMDA）レセプター）は陽イオンを通すカチオン型チャンネルである。エタノールはNMDA受容体の働きを抑制し、酔っぱらい行動を引き起こす。[7]

また、エタノールは、神経伝達ホルモンでありそしてストレスの原因となる副腎髄質ホルモンであるアドレナリン（別名、エピネフリン）の放出を抑える。

脳を酔わせるしくみは、姿勢を制御している脳の中枢神経のガンマー・アミノ酪酸（GABA）受

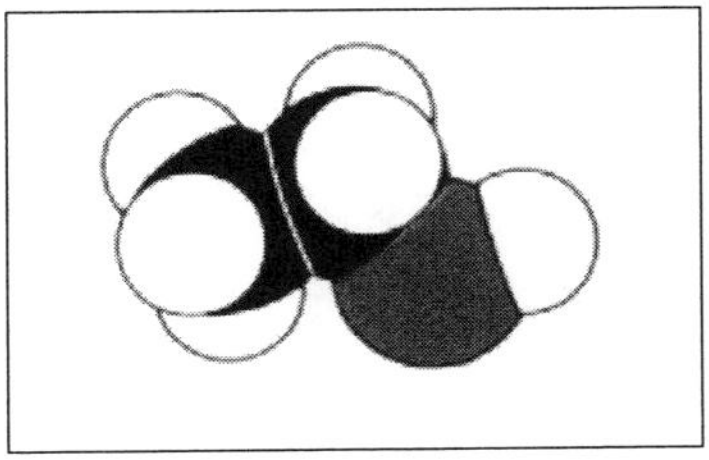

9–1　エタノールの分子

容体タンパク質における抑制性神経伝達機能を抑えるように働き、エタノールの薬理効果をもたらす[8]。

顔が赤くなるしくみは、エタノールが酸化してできるアセトアルデヒド（CH_3CHO）により血管拡張を進めるためである。アセトアルデヒドは蓄積すると、悪酔いをもたらす。アセトアルデヒドはさらに酸化され酢酸（CH_3COOH）になる。この反応を触媒する酵素（アルデヒドデヒドロゲナーゼ二）を遺伝的に持たない人は、日本人には約四%くらい存在している。いわゆる下戸《げこ》と呼ばれる人たちである。

最近、日本酒はいろいろな機能を持つことがわかってきた[9]。がん抑制効果、高血圧抑制効果[10]、骨粗鬆《そしょう》症予防、肌をみずみずしくする効果などである。まさに、「酒は百薬の長」である。飲みすぎないことが肝腎（肝心）である。

日本酒のおいしさは、五感に訴えるために、いろいろの因子が関与するのだが、風味はアミノ酸によってもたらされる[11]。この点は、他の酒とまったく異なるところである。

デンプン分解の酵素化学からのバイオテクノロジー

一般に、動・植物ではデンプンの分解は主にアルファ‐アミラーゼ（タカアミラーゼA相当酵素）と、枝切り酵素による。生成する低分子のマルトオリゴ糖はアルファ‐グルコシダーゼによりグルコースにまで分解される。微生物のグルコアミラーゼは生デンプンをも分解し、グルコースを生成する。ベータ‐アミラーゼはデンプンの液化分解に必須ではないが、アルファ‐アミラーゼによるデンプン分解の速度を速める。

アルファ・アミラーゼ（EC 三・二・一・一）はデンプン分子の内部にある一、四‐アルファ‐グルコシド結合を加水分解して、三残基以上の一、四‐アルファ‐グルコース単位の生成物（マルトオリゴ糖）を遊離する。アルファ‐アミラーゼは多糖類であるデンプンの分子を、いわばおおまかに切断して急速に液化する酵素といえる。麹菌のタカアミラーゼAはデンプン中のアミロースの最終分解限度は約四〇％で、最終的にはグルコース、マルトース、マルトトリオース、およびアルファ‐リミット‐デキストリンと呼ばれるアルファ‐一、六‐グルコシド結合を含む分岐オリゴ糖にまで分解する。最小のリミット‐デキストリンは6^3‐O‐アルファ‐グルコシル‐マルトトリオース（6^3-*O*-α-glucosyl-maltotriose）である。

枝切り酵素はデンプン中のアルファ‐一、六‐グルコシド結合を特異的に加水分解する酵素で、プルラナーゼ（EC 三・二・一・四一、細菌 *Klebsiella* 由来）とイソアミラーゼ（EC 三・二・一・六八、細菌 *Pseudomonas* 由来）がある。

グルコアミラーゼ（EC 三・二・一・三）はエキソ型の酵素で、非還元性末端の一、四‐アルファ‐D‐グルコシド結合を加水分解しベータ‐D‐グルコースを遊離する。生成糖のアノマー型は、ベータ‐アノマーである。

アルファ‐グルコシダーゼ（EC 三・二・一・二〇）の作用は、非還元性末端の一、四‐アルファ‐D‐グルコシド結合を加水分解し、アルファ‐D‐グルコースを遊離する。生成糖のアノマー型は、アルファ‐アノマーである。本酵素は加水分解反応と同時に糖転移反応もする。加水分解反応は水分子が糖の受容体となると考えると、よく理解できる。

麹菌のデンプン分解系の酵素は、アルファ‐アミラーゼ（タカアミラーゼA）、グルコアミラーゼとアルファ‐グルコシダーゼである。アルファ‐アミラーゼは高峰譲吉によって一八九四年に発明された「タカヂ（ジ）アスターゼ」を記念して、タカジアスターゼ製剤の主成分であるアルファ‐アミラーゼを「タカアミラーゼA」という。一九五一年、赤堀四郎により結晶化され、一九八四年に一門の松浦良樹らにより結晶構造解析がなされた[12]。

グルコアミラーゼは農芸化学者・北原覚雄により一九四九年に、デンプンを直接ブドウ糖（グルコース）にする酵素として、焼酎醸造用の黒麹菌（*Aspergillus awamori*）から発見された[13]。アミラーゼでは、アルファ、ベータに続く第三のアミラーゼの意味と、生成糖のグルコースの頭文字をとり、そのギリシャ語からガンマ（γ）アミラーゼと名付けられた。なお、グルコースの相対甘味度は、蔗糖（スクロース）を一〇〇とすると、七四である。

その後、上田誠之助の黒麹菌のグルコアミラーゼ[14]、辻坂好夫[15]のクモノスカビのグルコアミラーゼの研究により研究は活発化した。黒麹菌の酵素標品にはアルファ‐グルコシダーゼが混入していて、糖転移をすることと、アミロペクチンのリン酸残基のところで加水分解が止まるために、デンプンの分解は七〇％に止まるという工業的に好ましくない性質をもっていた。一時は、クモノスカビのグルコアミラーゼはデンプンの分解が一〇〇％であることから、工業的に有利とされた時期もあったが、その後、黒麹菌酵素は温度摂氏六〇度で数十時間安定なことから、糖転移反応をしない変異株をえて工業的に利用されるようになった。

味のない多糖類であるデンプンから甘味のあるブドウ糖に変換する酵素法が完成した。さらに、ブドウ糖よりも甘味度の高い果糖（フルクトース）にキシロース・イソメラーゼで異性化（＝分子式は同じだが性質の異なるアルドースからケトースへの変換である）してできる異性化糖は、一九六六年に日本の参松工業（株）が世界ではじめて工業化に成功した。ここに、知識集約型の新奇の糖質工業バイオテクノロジーが完成した。

国内のデンプン需要の約六割は糖化用で、その内訳は、糖化用デンプンの約五〇％は異性化糖、水飴用は約三〇％、ブドウ糖用は約二〇％である。異性化糖工業は蔗糖産業の半分程度にまで成長した。

日本酒特有の美容への贈り物・エチール‐アルファ（α）‐D‐グルコシド

日本の国技の実行者である相撲取りの桜色の肌の艶や張りは、日本酒（清酒）によってもたらされるといわれている。清酒の一般的な成分は、八〇%の水と一五%程度のエタノール（アルコール）、約二%のグルコース（ブドウ糖）で、残り約三%に数百種類以上といわれるいろいろな化合物が含まれており、日本酒（清酒）特有の香味をつくっている。[16][17] 日本酒（清酒）中にはアルコール、グルコースに次いで、第三番目に多い成分にエチール‐アルファ（α）‐D‐グルコシド（α‐EG）があり、市販の清酒中にはおよそ〇・二から〇・七%程度含まれている。この化合物は即効性の甘味と、遅効性の苦味の両面をもっている。甘味を感じる限界値である甘味の閾値《いきち》は一〇〇ミリリットルあたり一・二グラムで、いっぽう苦味の閾値は一〇〇ミリリットルあたり〇・〇六三グラムである。[17] エチール‐アルファ（α）‐D‐グルコシドは日本酒（清酒）の「まるみ」、「コク味」に関係しているといわれている。[18]

エチール‐アルファ（α）‐D‐グルコシドはグルコースの一位の炭素に結合している水酸基とエタノール中の水酸基部分が脱水縮合した構造をもつ配糖体である。この配糖体は、清酒醪《もろみ》中のエタノールにグルコースが数個アルファ‐一・四結合により結合した少糖類であるマルトオリゴ糖や、デンプンの分解物であるデキストリン成分の非還元性の末端から構成単位であるグルコースを、糖転移酵素であるアルファ（α）‐グルコシダーゼ（EC 三・二・一・二〇）の働きによりエタノールに転移してできる化合物である。この糖転移酵素を通常の生産量よりも約五〇倍も高濃度に生産する麴菌を培養しその粗酵素をえて、デンプンの代わりにグルコースが二残基結合した二糖であるマルトース（麦芽糖）を加え、さらに清酒酵母を加えて約二週間静置培養したところ、エチール‐アルファ（α）

－D－グルコシドは、全糖組成に対して九八％という高い収率で、しかも高純度で得られた。[17]

このようにして得られたエチール－アルファ（α）－D－グルコシドは熱および酸に対して安定だが、吸湿性が高い特色をもつものであった。なお、この化合物はむし歯菌（*Streptococcus mutans*）による酸生産を抑制することから、むし歯予防の糖質の可能性をもっている。

ウイスター系ラットにエチール－アルファ（α）－D－グルコシドを自由摂取させた結果、体重増加を顕著に抑制する効果がみられた。血中ならびに尿中の動態を調べたところ、エチール－アルファ（α）－D－グルコシドはそのままの形態で存在し、その大部分は尿中に排泄された。この化合物の小腸における腸管吸収は、グルコース分子の受容体となるトランスポーターを介して吸収された。

マウスに紫外線を照射してできる荒れ肌モデルを用いて、エチール－アルファ（α）－D－グルコシド塗布効果を調べたところ、この化合物の塗布量を〇・〇一％から〇・〇五％と濃度をあげるにつれて、経皮からの水分の蒸散量は明らかに少なくなった。ところが、エタノールとグルコースの間の結合状態が異なる立体異性体であるエチール－ベータ（β）－D－グルコシド（β－EG）には、この水分蒸散量変動率減少活性は見られなかった。研究者たちは荒れ肌抑制効果を次のように見ている。

一　紫外線照射により表皮細胞がダメージを受け、その修復のために表皮細胞の増殖が亢進する。

二　表皮細胞の角化と増殖のバランスが崩れ、角質層のバリア機能が低下する。

三　エチール－アルファ（α）－D－グルコシドは表皮細胞の角化を促進し、増殖と角化のバランスが回復する。

四　角質層からの水分蒸散量が減少し、荒れ肌が抑制される。

日本酒（清酒）を多く飲むといわれる力士や酒造りの杜氏《とうじ》の肌は綺麗であるといい伝えられている。肌にたいする清酒の効果を調べるために、毛の無いマウスに清酒を経口投与して調べた[17]。市販清酒の減圧濃縮物を七日間自由に摂取させた後、中波長の紫外線を一回照射し、荒れ肌を誘発させ、のち三日および四日に荒れ肌の指標である経皮水分蒸散量変動率をはかった。その結果、清酒濃縮物を与えると、紫外線による荒れ肌の誘発は明らかに抑制されることがわかった。清酒濃縮物の代わりに、エチール‐アルファ（α）‐D‐グルコシド、グルセロール、有機酸を配合した試料についても同様な荒れ肌の誘発抑制の顕著な効果がみられた。この荒れ肌の誘発抑制の効果は、清酒に特異的に見られる効果であることもわかった[17]。

日本酒（清酒）造りに必須な麹菌が作り出す糖質分解酵素であり、そして糖転移酵素でもあるアルファ‐グルコシダーゼの特異的な酵素反応によりできるエチール‐アルファ（α）‐D‐グルコシドは、グルコースと構造がよく似ているために腸管より吸収され血中に入るが、血液中の酵素によっては分解されないために何がしかの期間体内に滞留したのち、そのままの構造で排泄される。そのために、体重増加を大幅に抑制する効果をもち、また紫外線によって誘発される荒れ肌をとめる顕著な効果をもたらす。他の多くの酒類には見られない効果である。すなわち、清酒造りに欠かすことのできない麹菌の生産する糖転移酵素により、清酒造りの場において行った特異的な反応生成物がこの福音をもたらしているのである。近頃は、風呂に入るときに使用する入浴用の清酒がでまわってきたが、日本酒（清酒）による美肌効果が顕著だからなのである。

最近、『皮膚は考える』[19]という本が出た。この本によると、「皮膚は脳である」と、皮膚には脳の機能を担う「受容体」が存在している。すでに、腸管には脳と類似の機能をもつことがわかっていて、脳にも腸にも存在するペプチドは「脳腸ペプチド」といわれている。私は、日本酒中の特有成分「エチール‐アルファ（α）‐D‐グルコシド」は腸管においても、皮膚においても同様な受容体により取り込まれるのではないかと推定している。

焼酎と黒麴菌

黒麴菌については、たくさんの研究があるが、坂口研究室の飯塚廣が総括した。[20] アスペルギルス・ウサミ（*Aspergillus usamii*）、アスペルギルス・サイトイ（*Aspergillus saitoi*）、アスペルギルス・イヌイ（*Aspergillus inuii*）などたくさんの新種の名称が提唱されたが、今日国際的には、アスペルギルス・アワモリ（*Aspergillus awamori*）のみが認知されている。なお、白麴菌アスペルギルス・カワチ（*Aspergillus kawachii*）といわれるものは、河内源一郎が実用化した *Aspergillus luchuensis* mut. *kawachii* で、その野生株の分生胞子の黒色色素合成能が脱落した色素変異株である。私のところで使用している鹿児島産・焼酎醸造菌の *A.saitoi* 株は国際的には *A.phoenicis* に入れられている。なお、坂口、ならびに飯塚らは日本産の焼酎製造用の黒色の食用アスペルギルス菌類を黒麴菌と呼び、クエン酸生産などに使われる黒色のアスペルギルス菌（*Aspergillus niger*）をクロカビと呼んだ。ここでは、その呼称に従う。

黒麹菌の特色は、いずれも耐酸性の各種酵素を生産する点にある。原料デンプンの液化と糖化を行うアルファ‐アミラーゼ、グルコアミラーゼは泡盛や本格焼酎（単式蒸留しょうちゅう）醸造に欠かせないデンプン分解系の酵素である。そして、原料中のタンパク質分解に欠かせないのが、耐酸性のタンパク分解酵素である。酸性プロテアーゼ（EC 三・四・二三・一八、Aspergillopepsin I）[21][22]と、酸性カルボキシペプチダーゼ（EC 三・四・一六・五、ACPase）である。[22][23]日本酒醸造では、タンパク質の分解は極度に抑える。ところが、蒸留酒である泡盛や各種の原料を異にする本格焼酎（単式蒸留しょうちゅう）の醸造には、原料のタンパク質分解からもたらされるアミノ酸とその代謝産物は、焼酎乙類（単式蒸留しょうちゅう）の蒸留酒の特徴的な各種の芳香成分の元となるエステル類の生成に欠かすことができない。

焼酎醪《もろみ》中においては、植物原料からの香気成分の前駆体である配糖体、たとえばゲラニール‐ベータ‐グルコシドなどはベータ‐グルコシダーゼ（EC 三・二・一・二一）により非還元末端からグルコースを遊離することと、蒸留中の熱化学反応により香気成分がもたらされる。白麹菌のベータ‐グルコシダーゼは、通常の焼酎麹を作成する固体培養法によると遊離型の一四・五万と、一三万の分子質量の酵素が生産され、液体培養法では菌体に結合したタイプの一二万の酵素がつくられる。[24]酵素タンパク質本体は九・八万の同じ分子質量のタンパク質で、糖鎖のみに違いがあった。精製酵素は不安定なのだが、これに分子質量一―二万の菌体可溶性多糖を加えると安定化した。この多糖の構成糖はマンノース五八%、グルコース二〇%、ガラクトース二二%からなるものであった。古くからの麴法は焼酎醸造における、安定なベーターグルコシダーゼをつくるきわめて良い方法であると改めて麴法が評価された。

本格焼酎（単式蒸留しょうちゅう）の仕込みは一次と二次の二度に分けて行われる。一次仕込みは酵母菌を育てるためのもので、麴と水に純粋培養した酵母菌を加え約五日間仕込む。なお、焼酎醸造にとって、水の質は大変に重要である。そのために、地中深い水脈を掘り当てる。二次仕込みでは、できた醪《もろみ》にさらに、原料と麴を加え約一〇日間醱酵させる。本格焼酎（単式蒸留しょうちゅう）醸造でも、原料の糖化と醱酵の工程は「並行複醱酵」で行われる。

蒸留は仕込みを終えた醪に熱を加え、アルコールや芳香成分を抽出する工程である。蒸留には減圧法と常圧法の二法がある。減圧法は圧力を下げて蒸留し、低温で蒸発する華やかな香気成分をより多く引き出すものである。常圧法では大気圧下で蒸留し、旨味のもととなる成分を多く引き出す。蒸留の終わった原酒はタンクや樫樽で貯蔵・熟成する。個性豊かな原酒はこうしてでき上がる。

醬油醸造のしくみ

醬油製造の基本原理は消化しにくい、そしてタンパク質の多い植物原料である大豆や小麦に、気候風土に適したしかも各種の酵素作用の強い麴菌をはたらかせて、腐敗しないように高い濃度の食塩水の存在状態のなかで、徹底的に原料成分を分解させ、そして耐塩性微生物である酵母菌や、乳酸菌による各種の合成作用を利用して新しい成分をいくつもつくり、最終製品として調和のとれた調味料である醤油を作り上げるところにある。醤油醸造は、分子、生物、環境をふくめた、まさに小世界を形成しているといえる。

醤油は日本農林規格（JAS）によると、濃口《こいくち》醤油、淡口醤油、溜《たまり》醤油、再仕込み醤油、そして白醤油がある。濃口醤油は主なもので、全体の八〇％以上を占めている。

世界の調味料となった醤油醸造の三重要項目をあげると、「一麹《きく》、二櫂《かい》、三火入れ」となる。醤油醸造においても、製造の最重要事項は麹造りである。

醤油は、蒸した大豆に、炒って割砕《かっさい》した小麦をまぶしたものに、別に醤油麴菌（*A. sojae*）あるいは麴菌（*A.oryzae*）の純粋培養物を加えてつくった「種麴」を混ぜ温度と湿度の適当な部屋で数日培養し、この間時々麴の中に空気がよく通るように管理し、菌がよく生育したところで、飽和食塩水とともに醱酵タンクに仕込み諸味《もろみ》とする。

麴菌の各種の酵素がもつ植物成分の分解力はきわめて著しいものがある。食塩水とともに諸味に仕込んだときには、固体状態であった植物原料は、仕込み後約一か月で著しい液化を示す。加圧状態で加熱した大豆と、炒《い》って加熱し砕いた小麦からなる原料に十分に生育した麴菌は、植物の体の外側にあって体を支える機能を持つ各種の多糖類セルロースやヘミセルロースなどを溶かす。植物体の中にあったタンパク質やデンプンなどは麴菌の多くの加水分解酵素に接触しやすくなる。未加熱の状態では、大豆のタンパク質は各種のタンパク質分解酵素によりきわめて分解しにくかったのだが、熱変性後の状態では酵素により容易に分解される。そして、見過ごしてはならない非常に重要なことは、分解により生成される低分子の各種の化合物をたべて成育しやすい外部環境からもたらされる各種の微生物を、飽和に近い高濃度の食塩水によりほぼ完全に排除している微生物管理技術である。

諸味となった初期は麹菌の各種の酵素により植物である大豆と小麦の各種の成分の分解が著しく、約一月で諸味の液状化が著しくすすむ。麹菌のアミラーゼによりデンプンから消化生成したグルコースはいずれも耐塩性の酵母二種と乳酸菌の主な栄養となる。諸味による醱酵・熟成の主役はこれらの耐塩性の酵母菌と乳酸菌である。諸味の食塩濃度はほぼ一八％に保つことが酵母菌と乳酸菌の活躍に重要である。醱酵・熟成の期間は約一年かかる。後述するが、最近では諸味中の微生物管理により、醱酵・熟成は約半年に短縮が可能となった。

醤油中の全窒素の約四分の三は大豆原料に由来する。窒素量からの換算値では丸大豆原料では約四〇％、脱脂大豆原料では約五〇％が可溶化され液状となる。大豆は子葉部が約九〇％を占めるが、ここには多量のタンパク質と脂質を含む。大豆の貯蔵タンパク質の約九〇％は可溶性のものだが、pH四・五付近では全タンパク質の約八〇％は沈澱する。この酸沈澱タンパク質の画分（＝分割して区画した区分）は生理活性の無いグロブリンと総称する貯蔵タンパク質が大部分である。グロブリンは塩を加えた水溶液に溶けるタンパク質の性質を示す。

醱酵・熟成の終了した諸味は圧搾工程により搾り生《き》醤油（生《き》揚げ醤油）とする。生醤油を八〇度数十分の加熱による火入れ処理をし、ゆっくりと温度を元に戻す。この間に火入れ澱《おり》（滓《かす》）を沈澱させ、醤油の誕生となる。新鮮な醤油の色は赤っぽい澄んだ色を呈している。

旨味と塩なれ

醤油の中でもっとも一般的な濃口醤油は食塩濃度一六・五%前後である。このような高い食塩濃度でありながら、食卓の醤油を直接に刺身や漬物につけて口にいれても塩辛く感じない。この濃度の食塩水を口に含めば非常に塩辛く感じる。なぜであろうか。

醤油は非常に長い醱酵・熟成の時間を経て作り上げる。この熟成の期間に原料の大豆タンパク質ならびに小麦タンパク質は数多くのタンパク質分解酵素によりアミノ酸にまで分解される。とくに、旨味機能をもつグルタミン酸(図9-2)は醤油一〇〇ミリリットルあたり一グラム程度となる。約一%の濃度である。グルタミン酸は、いまや「UMAMI」という言葉で第五の味として世界的に認められた。グルタミン酸は舌にあるグルタミン酸の受容体に結合し、脳に伝達されて旨味を感じるのである。

ちなみに、グルタミン酸は小麦グルテンの加水分解物からの物質そのものの発見こそ外国人であったが、その後のバイオテクノロジーにかかわる新奇発見はすべて日本の研究者によって行われてきた。日本の人たちの鋭い感性が世界に発信してきた科学技術である。

一 昆布の旨味成分がグルタミン酸である発見は一九〇八年に池田《いけだ》菊苗《きくなえ》(一八六四—一九三六)によった。

9–2　グルタミン酸の分子

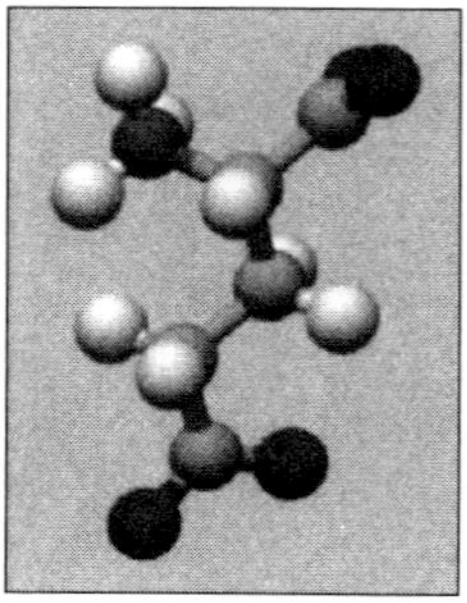

二　醤油の旨味物質がグルタミン酸である発見は一九三一年に有《う》働繁三《どうしげぞう》（一八九九―一九七二）によった。

三　微生物によるグルタミン酸の醗酵生産の発見は一九五六年の鵜《う》高重三《だかしげぞう》（一九三〇―）にはじまる。

醤油中にはグルタミン酸だけではなく、その他のアミノ酸も大変に高い濃度で、しかも遊離状態で醤油中に溶けている。これらのアミノ酸はいずれもアルファ‐カルボキシル・グループを持つ。このグループはプロトン（水素イオン）の解離のp*K*値を一・八から二・四に持つので、このpH領域でカルボキシル基の半量はプロトン（H^+）が解離し、諸味の熟成におけるpH領域である五―六付近では大半のアミノ酸はカルボン酸イオン（$-COO^-$）の状態で存在している。諸味に豊富にある食塩のナトリウム・イオン（Na^+）は結合し $-COONa$ の形となる。ナトリウム・イオンは自由に動けなくなる。そのために醤油は高い食塩濃度にもかかわらず塩辛く感じないのである。これが、塩なれの現象である。

醤油の味はグルタミン酸によるものだけではない。他のアミノ酸、ペプチド、酵母菌のアルコール醗酵によるエタノールや、各種のアルコール、さらにアルコールと酸による各種のエステル類、また各種の糖など多数の化合物の複合の味が醤油の味となっているのである。

醤油の機能性成分

そして、五感に訴える重要な因子は醤油の香りである。[25] 醤油の香りについては、すでに約三〇〇もの化合物が分離されている。そのなかでも、火香《ひが》とよばれる醤油の特徴的な香気成分はHEMFと略称されている四‐ヒドロキシ‐二(または五)‐エチル‐五(または二)‐メチル‐三(二H)‐フラノンである。この香気成分は醤油中に二〇〇ppm以上存在する。醤油を五〇〇万倍に薄めても、この香気成分を感知することができるくらいのものである。そして、醤油の特色あるもう一つの香気成分は四‐エチル・グアイアコール(四‐エチル・グアヤコール)である。高級な醸造醤油の特徴的な香気成分といわれている。後者は大豆ならびに小麦のリグニン成分からもたらされる。そして面白いことに、醤油の中にはマツタケ特有の香気成分である一‐オクテン‐三‐オール((三R)‐(一)‐一‐オクテン‐三‐オール)が存在している。醤油造りの主な微生物である麹菌はいわゆるカビだが、マツタケ菌のキノコとはともに菌類として両微生物はお互いに近縁関係にある間柄である。

醤油の安全性について、醤油には変異原性も、発がん性も無いことが証明されている。動物実験ではあるが、むしろ、醤油食をとると加齢による自然発生の腫瘍は三分の一に著しく減少する報告がある。また、醤油の特色ある香気成分であるフラノン骨格をもつHEMFはベンゾ[アルファ]ピレンにより引き起こされる胃がんの抑制効果をもつ。[26] そして、HEMFは抗白内障効果[26]を持つことが知られた。

醬油中の通称ニコチアナミンと呼ばれる画分には抗高血圧剤のカプトプリルの十分の一程度の強さの血圧降下作用がある。

醬油中のイソフラボン類にはヒスタミンの抑制効果も知られている。ヒスタミンは気管支喘息を引き起こしたり、胃酸分泌促進による胃潰瘍を悪化させたりする原因物質である。そのほか、醬油中には血小板凝集阻害効果があることから、血液をいわゆるサラサラにする効果にも結びつくのである。ほかにも、いろいろな機能性が知られている。

タンパク質分解酵素の反応

醬油製造の場は、まさにタンパク質分解の主戦場である。すこしその現場を垣間見てみよう。

醬油麴に飽和食塩水を加えて諸味として仕込むと、一週間後にpH は五・七くらいになる。そして、四〇日以降はpH 五・〇以下で、九〇日～一八〇日の間はほとんどpH 四・七を保つ。この領域でよく作用する酵素は、酸性領域に最適pH をもつ酵素が好適である。もちろん、非常に高い濃度の食塩水と、原料タンパク質の存在下だから、最適pH 領域を外れた酵素も作用できないことはない。

諸味の仕込み初期から熟成期まで、詳細なデータが取られ解析されている。仕込み後一月で、諸味中への可溶性のアミノ酸の状態に大きな変化がみられる。アラニン、バリン、ロイシン、フェニルアラニン＋チロシンの各疎水性アミノ酸の遊離率はいずれも既に九〇％以上である。ロイシンにいたっては、九九・九％である。塩基性アミノ酸の遊離率はヒスチジン、アルギニン、リシンの順で、いずれも八四％以上である。ところが、旨味に関係の深いグルタミン酸の遊離は四七％で、他に味にかかわりのあるアスパラギン酸は三九％、プロリンは三五％と、いずれも遊離率は最も低いグループのものである。

旨味アミノ酸のグルタミン酸に焦点を当て経過をみると、遊離率は一一九日目には四七％、二二四日目は五一％、そして三二七日目は四九％と推移している。

以上の諸味中の遊離アミノ酸に焦点をあてて、この動態をもたらしたタンパク質分解酵素の作用状況を、反応最適 pH と基質特異性から考えてみる。醤油麴菌あるいは麴菌のタンパク質分解酵素(27)には、酸性プロテアーゼ（EC 三・四・二三・一八、aspergillopepsin I）、中性領域で作用する中性プロテアーゼ（EC 三・四・二四・二七）と低分子で耐熱性のデューテロリシン（EC 三・四・二四・三九）そしてアルカリプロテアーゼ・オリツイン（EC 三・四・二一・六三）がある。さらに、分子の末端のペプチド結合を加水分解する酸性カルボキシペプチダーゼ（EC 三・四・一六・五、ACPase）、アミノペプチダーゼ（EC 三・四・一一・一）、ジペプチダーゼなどがある。

仕込み初期の弱酸性の領域から急速に酸性領域に諸味の環境は変化する。仕込み直後は、中性プロテアーゼとデューテロリシン、アルカリプロテアーゼ・オリツイン、そしてアミノペプチダーゼはおおいに作用していると考えられる。そして、仕込み初期から熟成期にかけて長い期間、酸性プロテアーゼと酸性カルボキシペプチダーゼの活躍の場であると考えられる。それぞれの酵素の基質特異性から考えると、興味深いことがわかる。仕込み後すぐに、遊離したアミノ酸の種類をみるとほとんどの疎水性のアミノ酸がみられる。このことは、タンパク質内部に埋もれていた疎水性アミノ酸から構成されていたペプチド結合が、原料処理の熱変性により外部に露出し、その領域をアルカリプロテアーゼ・オリツイン、中性プロテアーゼ、酸性プロテアーゼなどが盛んに作用しペプチド結合を切断したあとに、初期にはそれらのペプチドのアミノ末端にアミノペプチダーゼが作用してアミノ酸を遊離させ、またペプチドのカルボキシ末端から酸性カルボキシペプチダーゼが作用してアミノ酸を遊離させたと考えられる。したがって、遊離アミノ酸には疎水性アミノ酸が多いのである。

プロテアーゼの特異性の中で特筆されるのは、酸性プロテアーゼは塩基性アミノ酸のカルボキシル側のペプチド結合をも切断することである。そして、デューテロリシンは塩基性アミノ酸が二残基重なっているペプチドのカルボキシル側のペプチド結合を特に切断し易いことである。諸味中への塩基性アミノ酸の遊離が多いことが良く理解できる。さらに、デューテロリシンならびにアルカリプロテアーゼ・オリツインはグルタミン酸やアスパラギン酸のカルボキシル側のペプチド結合も切断する。この両酵素と酸性カルボキシペプチダーゼの共同作用で遊離アミノ酸にグルタミン酸が含まれることがよく理解できる。

ペプチドの末端に疎水性アミノ酸が分布していると、そのペプチドは苦味をもたらす。このような苦味ペプチドのカルボキシル末端から疎水性アミノ酸を取り除いて、苦味除去をする酵素が酸性カルボキシペプチダーゼである。食品工業で実際に使用されている。

酵素の分子識別の妙

酵素分子は数ある化合物の中から、どのようにして基質分子をきちんと認識するのだろうか。タンパク質分解酵素について、一つのモデルを提出する。(28)

哺乳類の消化管において、タンパク質消化に最も重要な酵素は、十二指腸の酵素エンテロペプチダーゼ（EC 三・四・二一・九）である。なぜ、この酵素は重要なのだろうか。それは、哺乳類では、食物はまず口で咀嚼され、胃液のペプシン（EC 三・四・二三・一）によりきわめて大まかにタンパク消化を受ける。このものは十二指腸をへて小腸に送られるが、その際に胃液で強酸性になった胃内容物は十二指腸を通過する際には中和され pH は五〜六の状態で十二指腸管を通過する際に、管壁に結合しているエンテロペプチダーゼは膵臓から分泌されてまだ不活性状態のトリプシノーゲンに作用し分子中の一箇所のペプチド結合（$-Lys^{6}-Ile^{7}-$）を切断しトリプシンに活性化させる。活性化したトリプシンは小腸において、膵臓から分泌された他の不活性のタンパク質分解酵素の前駆体に次々と作用し活性化させる。したがって、トリプシノーゲンを活性化するエンテロペプチダーゼは、哺乳動物のタンパク質消化の鍵酵素といわれる。

麹菌や黒麹菌の酸性プロテアーゼは、胃ペプシンの作用のみならず十二指腸のエンテロペプチダーゼの作用も共にもつ基質特異性を示す。なぜだろうか。

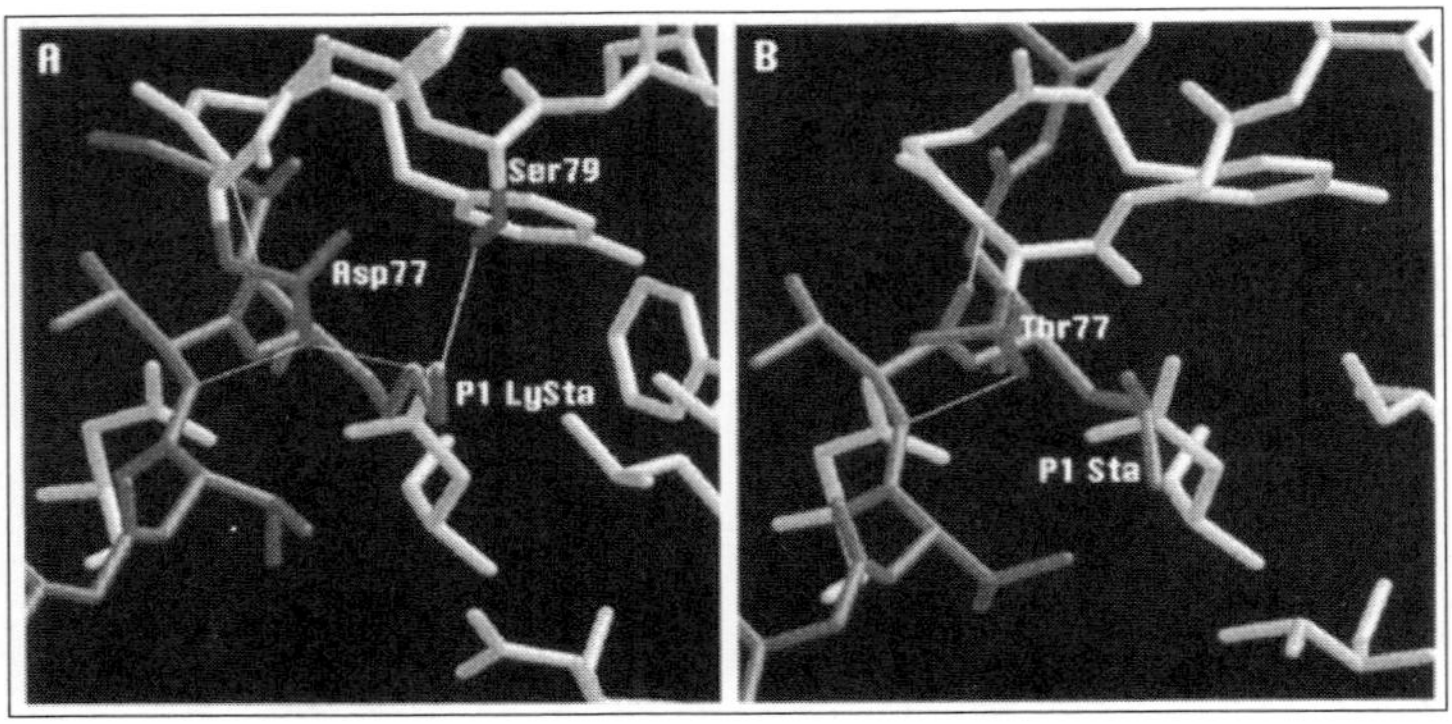

9–3 酸性プロテアーゼの分子識別　A：アオカビの酸性プロテアーゼ．B：ブタ胃ペプシン（Shintani, T., Kobayashi, M., and Ichishima, E. *J. Biochem.,* **120**,974-981,1996 より）

酸性プロテアーゼが含まれるアスパラギン酸プロテアーゼ・ファミリーの酵素は、トリプシノーゲンの活性化反応については二分される。アスパラギン酸プロテアーゼ・ファミリー酵素の代表である胃ペプシンや液胞内酸性プロテアーゼのカテプシンD（EC 三・四・二三・五）はトリプシノーゲンの活性化反応はできない。ところが、麹菌や黒麹菌の酸性プロテアーゼそしてアオカビの酸性プロテアーゼ（EC 三・四・二三・二〇、penicillopepsin）はトリプシノーゲンを活性化する。胃ペプシンとアオカビの酸性プロテアーゼについてはX線結晶構造解析が終了し、この情報を比較することができる。図9-3に示したように、活性中心のくぼみの底に位置する触媒残基のアスパラギン酸-三二とアスパラギン酸-二一五（番号はペプシンを基準としてアミノ（N）末端からのもの）に対して、活性中心のくぼみを形成しているアミノ末端側のフラップとよばれるいわば庇《ひさし》あるいは蓋《おお》い部分の先端部のアミノ酸残基は、胃ペプシンはトレオニン-七七でありアオカビの酸性プロテアーゼはアスパラギン酸-七七である。いっぽう、基質の側をみるとトリプシノーゲン活性化反応に必要なペプチド結合の切断部位はリシン-イソロイシン間の結合である。

これらの情報をもとに、黒麹菌の酸性プロテアーゼのトリプシノーゲンの相当部位であるアスパラギン酸-七六位をタンパク質工学の手法により「変異酵素アスパラギン酸-七六-セリン (Asp76Ser)」にした変異酵素を合成した。予想したとおり、変異酵素にはトリプシノーゲン活性化反応のモデルとなる合成基質の加水分解反応はまったくなかった。さらに、この問題を精査・確証するため、ブタ胃ペプシン遺伝子にタンパク質工学的な変異を与えて解析をした。その結果、ブタ胃ペプシンにトレオニン-七七-アスパラギン酸 (Thr77Asp) 変異を加え、さらにグリシン七八-(セリン)-セリン七九との間に新たにセリン一残基を挿入した (Gly78(Ser)Ser79) 変異の二重変異 (Thr77Asp/Gly78(Ser)Ser79) を与えたときにトリプシノーゲン活性化反応をすることが明らかになった。

酸性プロテアーゼのトリプシノーゲン活性化反応は、基質分子中の「塩基性アミノ酸のプロトン化したリシン分子 (Lys$^+$)」と酵素分子中の活性中心のくぼみを蓋う庇(ひさし)に相当するフラップ部位の先端に位置するアスパラギン酸の「プロトンを解離したアスパラギン酸イオン (Asp-COO$^-$)」の間の静電的相互作用による化学結合が酵素による基質分子の認識に重要であると結論された。以上は、東北大学大学院農学研究科学生・新谷尚弘の博士論文となった。
(28)

第九章　麹菌醸造産業の思想

味噌醸造

味噌醸造の思想を醤油醸造のものと比べてみると面白いことがわかる。味噌醸造の思想は、植物成分の一部を分解し、一部を部分的分解状態のままに残すところにある。つまり、原料の大豆、小麦、そして米に含まれている生体成分を極限まで分解せずに残すために、原料の成分のもつ元の生物体を構成していた生体成分の特異性のごく一部は残っている可能性が秘められている。しかし、熟成させた味噌では、原料大豆タンパク質の中のアレルギーを引き起こす原因タンパク質はまったく残っていない状態である。

そして、もうひとつ面白いことがある。味噌醸造は、原料の米、大豆あるいは大麦を麹菌の酵素で分解し、高濃度の食塩の存在下で耐塩性の酵母菌や乳酸菌により醱酵・醸造させるのだが、よく熟成させた味噌を食べることは、つまり麴菌や酵母菌の菌体を直接食べることなのである。微生物の菌体を食べるという考え方は、今日世界的に私たちの体の健康を維持するためのきわめて重要な方法の一つとして、生きた乳酸菌や酵母菌、あるいはイギリスにおけるフザリウム属カビから分離したタンパク質マイコプロテインなどを食べる思想と通じるものがある。世界的に注目されている生きた微生物を口から入れることにより、宿主の体の中の腸内菌叢《きんそう》のバランスを改善する「プロバイテックス」の考え方である。

味噌には「手前味噌」という言葉がある。自分のことを誇ることに使う。味噌という言葉が使われているのが興味深いと思う。日本の味噌の多様性をうまく表現した言葉である。

味噌醸造の重要事項は、「一焚《た》き、二麹《きく》、三仕込《しこみ》」といわれる。

味噌醸造にとって、大豆タンパク質を分解する酵素プロテアーゼや米のデンプンを分解する酵素アミラーゼは必要不可欠な酵素である。いずれも麹菌からもたらされる。しかし、味噌の品質にとって、原料成分の分解速度あるいは最終分解率はそれほど問題にならない[29]。しかしながら、同一ジャンルの味噌を調査すると、色・タンパク分解率・糖分解率に大差はないにもかかわらず、脂質の状態の変動係数は大きく、それらの値が感覚器官による味噌の官能評価（＝おいしさの尺度）と高い相関関係にあることがわかった。

味噌の主原料の丸大豆には約二〇％の脂質が含まれていて、蒸煮後もその大半は中性脂質のトリグリセリドである。脂質中の脂肪酸はリノール酸約五五％、オレイン酸約二四％、リノレン酸約七％と不飽和脂肪酸が非常に多く、トリアシルグリセロール分布も脂肪酸三分子全部不飽和脂肪酸のものは約六〇％、一分子だけ飽和脂肪酸のものが約三五％と両者で約九五％を占めている。

味噌に仕込まれてから、脂質は分解を受け、さらに遊離脂肪酸の一部は醗酵中に耐塩性酵母(*Zygosaccharomyces rouxii*)の生成したエタノールとともに、リパーゼの逆反応によりエチルエステルを生成する。この脂肪酸エステルの量は味噌の香の官能検査と正の相関関係にあり、味噌の高沸点物質の中で香りの基礎になっている。アルファ‐リノレン酸のエチルエステルは味噌の香気成分として、財団法人・日本醸造協会編の『醸造物の成分[16]』に記されている。なお、アルファ‐リノレン酸は、オクタデカ‐九、一二、一五‐トリエン酸にあたり、炭素数一八で、二重結合三つをもつn‐三系列の不飽和必須脂肪酸である。

味噌醸造の重要事項は、「一焚《た》き、二麹《きく》、三仕込《しこみ》」というが、やはり、脂質分解と合成にかかわる酵素の生合成を左右している麹造りは重要なプロセスであることがわかった。

竹屋味噌（株）の大西邦男は、麹菌から三種の脂質分解酵素を見出した[29]。

第一の酵素について、麹菌ＲＩＢ一二八株からトリグリセリド分解活性の高い酵素（L3）を得て、この酵素分子をコードする遺伝子（*tglA*）をクローニング（＝遺伝子組換えによりＤＮＡ配列画分を分離し解析した結果、推定アミノ酸残基二五四、触媒残基はセリン、アスパラギン酸、ヒスチジンからなり、リパーゼとは相同性は低いものであった[30]。

第二の酵素について、麹菌ＩＦＯ四二〇二株からのモノおよびジグリセリドを特異的に分解するリパーゼ（L2）をコードする遺伝子（*mdlB*）から、酵素分子の推定をした[31]。二七八残基のアミノ酸からなり、触媒残基はセリン、アスパラギン酸、ヒスチジンからなるものであった。アオカビ（*Penicillium camembertii*）のモノおよびジグリセリドを特異的に分解する酵素と六四％の高い相同性を示した。

第三の酵素について、高等植物表皮のクチクラ層の主成分クチン（ヒドロキシC_{16}、C_{18}脂肪酸の重合物質）を特異的に分解するクチナーゼの特異性を持つ酵素（L1）で、その酵素をコードする遺伝子（*cutL*）をクローニングし解析した[32]。二一三残基のアミノ酸からなる推定分子質量二二、二六三で、触媒残基はセリン、アスパラギン酸、ヒスチジンからなるものであった。

以上の三種類の脂質分解酵素の中で、味噌熟成中において脂質分解酵素反応の主役はトリグリセリド分解酵素（L3）で、ついでモノおよびジグリセリド分解酵素（L2）が大きな役割を担っていると考察されている。そして、分解産物からの脂肪酸エチルエステルの再合成反応についてはクチナーゼ様の特異性を持つ酵素（L1）が主役と結論された。[29]

味噌の熟成香気成分としてアルファ‐リノレン酸のエチルエステルが重要なことが知られている。この重要な香気成分は、麹菌が味噌熟成中に生成した麹菌の酵素の反応生成物と、酵母の醱酵したエタノールを材料に麹菌の酵素による合成反応利用の産物なのである。日本酒（清酒）にみられる「並行複醱酵」の現象は、味噌醸造にも見られる。

なお、別にリノレン酸のエチルエステルは突然変異誘起性はない（＝抗変異原性が強い）ことが知られている。[29]

味噌醸造の重要事項は、「一焚《た》き、二麹《きく》、三仕込《しこみ》」といわれてきたが、すでに述べた最近の研究結果である味噌の香気成分からの品質評価から判断すると、麹菌の複数の脂質関連酵素の存在が醸造された味噌の品質を有意に左右していることが明白となった。味噌は米味噌、麦味噌、豆味噌など実に多様なので一概には言うことはできないが、少なくとも大豆を原料とし長期熟成を必要とする味噌においては近い将来、味噌醸造の重要事項は「一麹、二焚き、三仕込」と書き換えられると考えられる。その暁には、日本酒（清酒）、醬油、そして味噌も、醸造工程の最重要工程はいずれも「一麹」となる可能性が極めて濃厚である。わが国「日本」の醸造産業を支えている根幹は「麹菌」であることはより明確になると思われる。

第十章　日本酒（清酒）の隘路打開
——分子育種によるムレ香除去

この章は、日本酒（清酒）醸造産業の現場でかかえてきたきわめて大きな困難にたちむかい解決した記録である。

日本酒（清酒）の鬼門・ムレ香

日本酒（清酒）は非常に良く工夫された仕組みの醸造方式により製造されている。しかしながら、それでもなおかつ、困る事柄がある。それは、日本酒（清酒）の生酒の劣化臭であるムレ香《か》の生成である。ムレ香はイソバレルアルデヒド（三－メチルブタナール）[1]によって引き起こされる。[2]イソバレルアルデヒドは刺激性のある不快臭の化合物だからである。

ムレ香はどのようにしてできるのだろうか。生酒中にある炭素五個からなるイソアミルアルコール（三－メチル－一－ブタノール）[3]に特異的に作用して、炭素五個のイソバレルアルデヒドを生成する一段階の酵素反応により引き起こされる。この麹菌のもつムレ香生成にかかわる酵素は、従来まったく知られていなかった新奇のイソアミルアルコール酸化酵素（IAAOD）と命名された新酵素である。[4][5]この酵素はムレ香生成にかかわるイソアミルアルコールにのみ特異的に反応し、ノルマルアミルアルコールや、ノルマルヘキサノール、イソヘキサノールにはほとんど作用せず、その他のアルコール類にはまったく作用しない特色を持つ。

ここで一般に、アルコールに特異的に作用する良く知られている酵素について少し述べてみよう。第一のグループはアルコール脱水素酵素（EC 一・一・一・一）である。この酵素は、一級アルコールあるいはヘミアセタールに作用するニコチンアミド－アデニン－ジヌクレオチド（NAD^+）を補酵素とするもので、次の式のように反応し、アルコールを酸化し補酵素を還元する。

アルコール＋ NAD^+ ＝アルデヒドまたはケトン＋ NADH

アルコール脱水素酵素の反応を重水素（D）で置換した一、一－デューテリオ－エタノールを用いて行うと、次の式のとおりとなる。

$$CH_3CD_2OH + NAD^+ \rightarrow CH_3CDO + NADD_A + H^+$$

ここで、$NADD_A$ は重水素（D）がニコチンアミド環の上面（A面）に結合した還元型の補酵素

NADHを示している。

アルコール代謝にかかわる第二のグループはアルコールオキシダーゼ（EC 一・一・三・一三）である。この酵素はフラビン‐アデニン‐ジヌクレオチド（FAD）を補酵素とするフラボプロテインがかかわる。低級の一級アルコールまたは不飽和アルコールに作用するが、分枝アルコールや二級アルコールには作用しない。

一級アルコール（$-CH_2OH$）＋O_2＝アルデヒド（$-CHO$）＋H_2O_2

イソアミルアルコール酸化酵素（IAAOD）と命名された上述の新酵素は、以上の二グループの酵素とは異なる新奇の酵素である。

一般に、麹菌からもたらされる日本酒（清酒）醸造上の欠点を解消するために変異による麹菌の育種が行われてきた。しかし、変異により得た変異株では親株と同等の酒造特性を保持した株を得ることはなかなか困難な面があった。

そこで、浮かび上がったのは、二〇世紀後半以降に世界のバイオテクノロジー分野を切り開いている遺伝子工学を用いる分子育種の方法である。ムレ香の原因酵素イソアミルアルコール酸化酵素（IAAOD）の遺伝子（*mreA*）破壊株により日本酒（清酒）醸造を行ったところ、生貯蔵二か月後の官能検査においてムレ香はまったく認められないものができ上がった。この白鶴酒造（株）グループの研究成果は、平成一七年度の日本生物工学会・江田賞に輝いた(2)。

ムレ香をどうして無くしたか?

日本酒(清酒)の生酒の劣化臭であるムレ香をどのようにして無くすことができたのだろうか。白鶴酒造(株)グループでは麴菌由来のムレ香をつくる酵素の探索から始めた。ムレ香をつくる酵素はイソアミルアルコールに作用してイソバレルアルデヒドに変換する酸化反応を触媒する一酵素によることがわかった。この酵素は麴菌の培養物の中にはきわめてわずかしかなかった。そこで、このグループでは、限外濾過装置を用いて、分子質量三・〇万の限外濾過膜を用いて濾過し、原酒のレベルから約四〇〇倍にまで濃縮してから、各種のクロマトグラフィーにより精製し、電気泳動的に均一な精製酵素を得ることに成功した。この精製酵素の分子質量はSDS-PAGE電気泳動により七・三万で、HPLC-サイズ排除クロマトグラフィーにより八・七万であることから、単量体として存在していると考えられた。さらに、酵素分子表面に結合している糖鎖を糖鎖除去酵素により処理したところ、分子質量は五・九万であることがわかった。この酵素の作用最適 pH は四・五付近で、pH 三・〇~六・〇で安定な酵素である。この酵素は清酒中の pH 四・二~四・五で安定であり十分に作用できる。この酵素のN-末端配列は Ala-Asp-Ser-Ser-Ser- であることがわかった。この酵素の基質特異性は、上述の酵母のアルコールオキシダーゼとはかなり異なる性質を持つことが確認された。

ムレ香をもたらす酵素は新しい酵素である可能性が強くなってきたものであるから、この酵素分子の詳細な性質を知りたいわけである。しかしすでに述べたように、清酒中のこの酵素の存在量はきわめて少ないので、この酵素分子の性質を調べるために、この酵素をコードしている遺伝子から探索する方が容易である。精製酵素の内部アミノ酸配列からポリメラーゼ連鎖反応（ＰＣＲ）法によりイソアミルアルコール酸化酵素遺伝子断片をとり、さらにこの断片をプローブ（＝特定塩基配列）として麴菌（*Aspergillus oryzae* ＲＩＢ四〇）株の遺伝子ライブラリーを選別テストし目的遺伝子を取り出した。一九〇三塩基対（bp）のオープン・リーディングフレイム（ＯＲＦ）の解析により、三個の介在配列イントロンを含む五六七個のアミノ酸をコードする分子質量約六万で、糖鎖除去の酵素の分子質量約五・九万とおおむね一致するものであった。分子のアミノ酸配列中にはハイマンノース型糖鎖結合モチーフである Asn-X-Ser/Thr の構造が九箇所見いだされた。

この遺伝子を別の高発現プロモーター *PamyB* の制御下に連結した融合遺伝子を含む高発現ベクターで麴菌（*A. oryzae* M-2-3）株を形質転換させ、強制発現させたところ培養上清中に目的とするイソアミルアルコール酸化酵素活性は宿主株の約八〇〇倍以上のレベルに上昇し、イソアミルアルコール酸化酵素遺伝子であることを確認し、この遺伝子をムレＡ（*mreA*）と命名した。[6] *mreA* 遺伝子は製麴期間を通して、ほぼ構成的に転写され米麴中のイソアミルアルコール酸化酵素活性は出麴まで増加した。

野生型麴菌を宿主とする形質転換システムの開発

麴菌は種々の薬剤に対し強い抵抗性を示すことから、有効な薬剤耐性マーカーの取得例がなかった。麴菌はチアミン（ビタミンB_1）の代謝拮抗阻害剤ピリチアミンに対し、きわめて鋭敏な生育感受性をしめすが、一方では高頻度で耐性変異株をもたらす。ピリチアミン耐性は優勢の一遺伝子支配であると推定されたことから、ピリチアミン耐性変異株（*A. oryzae* PTR-26）より自律複製プラスミド（pDHG25）をベクターとするゲノムライブラリーを作り、麴菌ＲＩＢ一二八（*A. oryzae* RIB128(wt)）およびアスペルギルス・ニドゥランス（*A. nidulans* FGSC-89(*argB*⁻)）株にピリチアミン耐性を付与するＤＮＡ断片（*ptrA*）[7]をショットガン・クローニング法により単離した。[8][9] なお、麴菌（*A. oryzae*）の宿主・ベクター系において、選択マーカーには栄養要求マーカーを持つものは*argB*、*sC*、*niaD*、*pyrG*などが良く使われているが、薬剤耐性マーカー（*ptrA*）をつけたものは少ないので貴重である。[10]

得られた遺伝子ｃＤＮＡの解析から五八キロベースのイントロンを一つ含み三二七アミノ酸をコードすることがわかった。そして、ＰＴＲ‐二六株の親株（ＨＬ‐一〇三四（wt））の当該遺伝子との比較から、オープンリーディング・フレイム上流‐六八位の塩基アデニンがグアニンに変異していた。このＡ六八Ｇの変異がチアミンピロリン酸結合能を解除し、チアミン脱抑制をひき起こすメカニズムにつながった。この仕組みは、スダーサン（Sudarsan）らにより真核生物において初めて確認された[11]「リボスイッチ」といわれている。

ピリチアミン耐性遺伝子（*ptrA*）を選択マーカーとして含む麴菌（*A. oryzae*）の染色体組込型プラ

スミドｐＰＴＲⅠ、および遊離型プラスミドｐＰＴＲⅡを構築し形質転換に供した。

ptrA 遺伝子を含む置換型 *mreA* 破壊カセットを構築し、麴菌実用株ＨＬ－一〇三四に導入した。*mreA* 遺伝子破壊株四株が得られた。これらの株を用いた詳細な研究解析、ならびに日本酒（清酒）製造試験の結果、対照酒の遺伝子非破壊株からの酒では、イソバレルアルデヒドは、摂氏二〇度では四二日、摂氏三〇度では二一日でムレ香の上立香の官能閾値である一・八ｐｐｍに達したが、*mreA* 遺伝子破壊株四株により製造した酒はともにイソバレルアルデヒドの増加は著しく緩慢であり、摂氏三〇度、六三日という極端な貯蔵条件においても〇・二五〜〇・三ｐｐｍとムレ香の上立香の官能閾値《いきち》を大きく下回っていた。

ムレ香生成酵素の遺伝子破壊によるムレ香非生産菌の分子育種

日本酒（清酒）の生酒の貯蔵により劣化するいやなムレ香を防止する根本的な対策が、今日の分子育種学の手法により開発された。

第十一章　博物学へのすすめ

——新奇マンノシダーゼの展開

この章では「博物学へのすすめ」という観点でまとめてみる。糖タンパク質のハイマンノース型の糖鎖構造解析には一、二-アルファ-D-マンノシダーゼ[1][2]は必須の酵素である。この新奇酵素の発見の発端を顧みると、研究の入り口からはまったく予想もつかなかった到達点にたどり着いた。まさに博物学へのすすめから生じたと思われる。

一九七〇年代初めのことであった。新しい小さな研究室を立ち上げたばかりで、研究室の中には何もない状態であった。最も金のかからない生物はなにかと考えて、高峰譲吉の故事にならい、麹菌・黒麹菌を材料に選ぶことにした。当時、府中の東京農工大学の隣には近くの東京競馬場の競走馬のための馬糧《ばりょう》会社があったことも、その選択を支えた理由だった。小麦ふすま一袋、二〇キログラムを購入すれば、かなり長い間麹菌を培養でき、酵素研究の材料にことかかぬからであった。

一、二-アルファ-D-マンノシダーゼの発見

黒麹菌（*Aspergillus saitoi*）を用いて、菌類の耐久型細胞である分生子と栄養型細胞である菌糸の間の分化に挑戦を始めた。黒麹菌の胞子を水溶液に浸漬し数時間後に、胞子が膨潤すると溶媒中にマンノースならびにグルコースが遊離した。このことから、エキソ型の糖鎖加水分解酵素、アルファ-マンノシダーゼとベータ-グルコシダーゼの存在を知り、あまり人のしていないマンノースを遊離する酵素マンノシダーゼの探索からはじめた。分生子表層を構成する多糖類アルファ-マンナンは水を含むと膨潤する成分であることにもよる。マンノシダーゼの研究は、私のところで研究を続けてきたタンパク質の分解の際に遊離アミノ酸の放出に必須の酵素である酸性カルボキシペプチダーゼ分子に含まれている新奇の糖鎖構造（図11-1）の発見と、その解析に結びついた。[3][4]

エキソ型のマンノシダーゼを見出したが、その基質特異性を決定するのは容易なことではなかった。パン酵母と清酒酵母のアルファ-マンナンをそれぞれメチル化し基質として反応させた後、ガスクロマトグラフィーで分析することから特異性を決定した。この両酵母中のアルファ-マンナン中の一、二-アルファ-マンノシド結合と一、三-アルファ-マンノシド結合の量的な比は、パン酵母マンナンは一、二-アルファ-マンノシド結合が多く、ところが清酒酵母マンナンは一、二-アルファ-マンノシド結合は少なく一、三-アルファ-マンノシド結合が多いという元醸造試験所の熊谷知栄子らの知見を活用したのであった。黒麹菌の酵素はパン酵母マンナンの一、二-マンノシド結合をよく加水分解した。一、三-アルファ-マンノシド結合には作用しなかった。

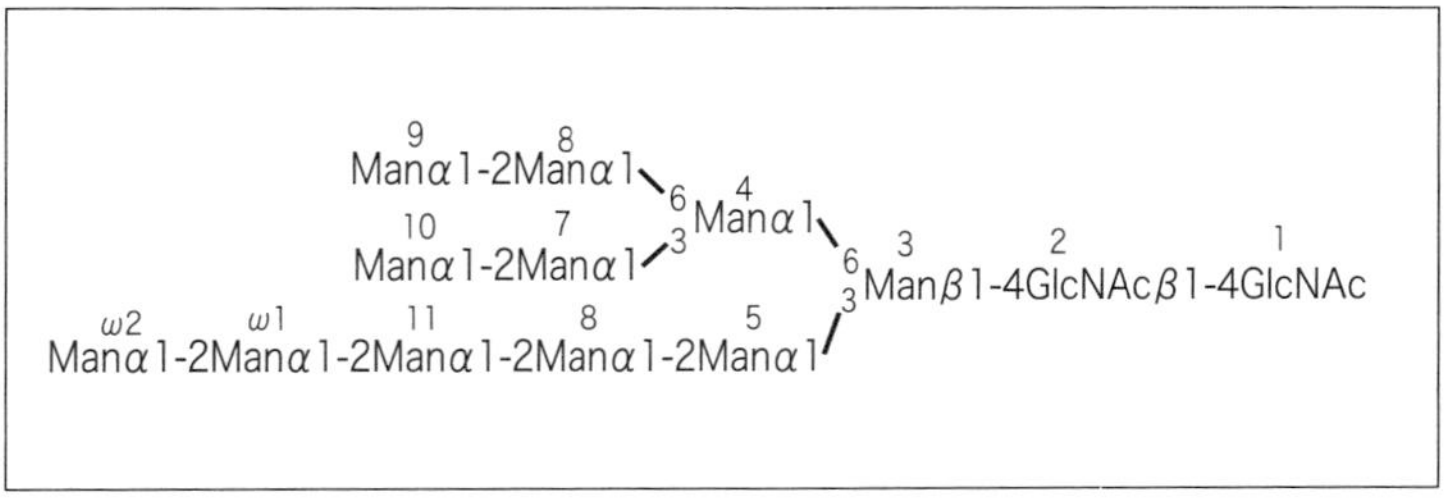

11-1　新奇糖鎖 $Man_{11}GlcNAc_2$

以上の結果、黒麴菌のマンノシダーゼは一、二‐アルファ‐マンノシド結合を特異的に加水分解する酵素であるとの結論を得た。[1] 当時、マンノシダーゼは植物からのものがよく知られており、植物のアルファ‐マンノシダーゼ（EC 三・二・一・二四）はアルファ‐マンナンの主鎖の一、六‐アルファ‐マンノシド結合、そして側鎖の一、二‐アルファ‐マンノシド結合、そして一、三‐アルファ‐マンノシド結合のいずれをも加水分解できるものである。また、合成基質のパラ‐ニトロフェニル‐アルファ‐D‐マンノシドを分解する酵素も知られていたが、黒麴菌のマンノシダーゼは合成基質の分解はできなかった。

　黒麴菌のアルファ‐マンノシダーゼの一、二‐アルファ‐マンノシド結合のみを特異的に加水分解する変わった特異性を確認するために、当時神戸大学医学部第二生化学講座教授の木幡陽に共同研究をお願いした。木幡のところでは、ヒトの致死的な遺伝病であるアルファ‐マンノシダーゼ欠損症（アルファ‐マンノシドーシス）の患者の尿から分離した構造の異なる各種のハイマンノース型の糖鎖をたくさん持っていた。ここでの研究の結果、黒麴菌のマンノシダーゼは一、二‐アルファ‐マンノシド結合のみを特異的に加水分解をすることが確認され、[2] 内外の研究者から注目されることになった。

さらに、この酵素をコードする遺伝子（*msdS*）のｃＤＮＡをクローニングし、一次構造を推定した。[5] そして、ｃＤＮＡを酵母の発現ベクターに組み込み発現系構築に成功した。[5] 実はこの際に、黒麹菌の一、二‐アルファ‐マンノシダーゼ遺伝子の発現については大変に苦労した。野生型の黒麹菌の一、二‐アルファ‐マンノシダーゼについてはアミノ‐末端は不明であった。同時期に、吉田孝をリーダーとするグループではアオカビの一、二‐アルファ‐マンノシダーゼ遺伝子の発現に成功していた。[6] 両遺伝子のヌクレオチド配列からの推定アミノ酸配列を比較すると、アオカビの一、二‐アルファ‐マンノシダーゼはアミノ末端のアミノ酸が三五残基欠けた状態になっていた。このことを考慮し、黒麹菌の一、二‐アルファ‐マンノシダーゼのアミノ‐末端に相当する部分のヌクレオチド配列を削除してからすでに述べた酸性プロテアーゼ（Aspergillopepsin I）遺伝子（*apnS*）のプロモーター領域に結合させ融合遺伝子とし、これを酵母の発現ベクターに組み込み、酵母の発現系で黒麹菌の一、二‐アルファ‐マンノシダーゼを発現することができた。[5] 発現には井上崇（現、第一製薬（株））の献身的な努力があった。

その後、この融合遺伝子を麹菌の発現ベクターに組み込み、麹菌による大量発現系構築に成功した。[7] 一、二‐アルファ‐マンノシダーゼの活性中心残基について、藤田晃子（現、独立行政法人酒類総合研究所）はタンパク質工学による部位特異的変異から酵素活性に重要な影響を与える五残基の酸性アミノ酸を推定し速報した。[8] その後、部位特異的変異による詳細な解析[9]から、グルタミン酸−一二四は酸触媒残基で、アスパラギン酸−二六九残基とグルタミン酸−四一一残基は共に触媒反応に重要な残基であり、そして、グルタミン酸−二七三、グルタミン酸−四一四、グルタミン酸−四七四の三残基は基質との結合残基であることを決定した。[9]

一、二−アルファ−マンノシダーゼは三残基のシステインがあり、システイン−四四三残基は遊離状態で存在し、システイン−三三四とシステイン−三六三の二残基はジスルフィド結合をしている。[10] 遊離システイン残基を部位特異的変異により各種のアミノ酸残基に変異させ性質を調べたところ、アミノ酸残基の側鎖構造の大きさと疎水性の度合いにより変異酵素は三群に分かれた。これら三群の変異酵素を詳細に解析したところ、遊離システイン−四四三残基の位置は一、二−アルファ−マンノシダーゼの分子構造保持、ならびに耐熱性に大きな寄与をすることが明らかにされた。

動物など他の生物起源の一、二−アルファ−マンノシダーゼは活性発現にカルシウムが必須である。ところが、黒麴菌の一、二−アルファ−マンノシダーゼの活性には、カルシウムは必須ではないユニーク(独特)な酵素であることが創価大学大学院工学研究科博士課程の学生、多田羅洋太(現、弘前大学大学院医学研究科)により明らかにされた。[9]

酸性カルボキシペプチダーゼとの結びつきは、なぜ?

酸性カルボキシペプチダーゼは酸性領域で、カルボキシル—末端からアミノ酸を遊離する酵素で、苦味ペプチドから苦味を除去したり、反応物に旨味を付与したりする酵素である。[11] 日本酒では旨味生成にかかわり、焼酎では複雑な芳香形成にかかわるきわめて重要な酵素として認識され ACPase の略称で呼ばれている。黒麹菌の酸性カルボキシペプチダーゼについては、一九七八年刊行の日本化学会創立百周年記念出版『日本の化学百年史――化学と化学工業の歩み』[12] に紹介されている。

私が東北大学在任中の大学院博士課程の学生・千葉靖典の博士論文研究により、酸性カルボキシペプチダーゼの活性中心はセリン-一五三、アスパラギン酸-三五七とヒスチジン-四三六の三残基からなり、セリンカルボキシペプチダーゼ（EC 三・四・一六・五）のファミリーに属し、膵キモトリプシン類似の活性中心構造を持つことが明らかになった。[13] この酵素は約三〇%の糖鎖をもち、うち約二〇%はハイマンノース型のものである。この糖鎖構造の解析から、従来まったく知られなかった二種のハイマンノース型の新奇の糖鎖構造（$Man_{10}GlcNAc_2$[3] と $Man_{11}GlcNAc_2$[4]）が見出された（図11-1参照）。東北大学の私の前任の教授は松田和雄で、糖質生化学にご造詣の深い方であった。その薫陶を受けた中島祐（現、東北大学名誉教授）が私の講座の助教授であったから、大変にお世話になった。

千葉靖典の博士論文は平成七年度の井上科学振興財団・井上研究奨励賞に輝いた。

千葉は大学院修了後、産業技術総合研究所の地神芳文のご指導により、黒麹菌の一、二-アルファ-マンノシダーゼ遺伝子（*msdS*）を酵母菌の小胞体にいれ、そこで遺伝子を発現させせることに成功した。[14] その際、一、二-アルファ-マンノシダーゼのカルボキシル末端に相当する遺伝子部分にヒスチジン-アスパラギン酸-グルタミン酸-ロイシン（HDEL）の四残基からなるペプチド画分を導入するように、遺伝子操作をし一、二‐アルファ‐マンノシダーゼ遺伝子を酵母菌の小胞体内で発現するように処理し、酵母の発現ベクターにいれ、酵母で一、二‐アルファ‐マンノシダーゼ遺伝子を発現させた。その結果、酵母細胞内でヒト型のハイマンノース‐タイプの糖鎖（$Man_5GlcNAc_2$）をつくることがはじめて可能となった。[14]

一、二‐アルファ‐D‐マンノシダーゼの新展開

一、二‐アルファ‐D‐マンノシダーゼはタンパク質のハイ‐マンノース型糖鎖の構造解析に必須の酵素である。今日の糖鎖工学の時代には、洋の東西を問わず、重要な酵素となっている。

アスペルギルス・サイトイの一、二‐アルファ‐D‐マンノシダーゼの遺伝子cDNA（*msdS*）をクローン化し構造解析した結果、この酵素は分泌型酵素ではなく細胞内酵素であることがわかった。固体培養である麴法では培養物中に酵素はみられるが、液体培養では培養物中に酵素活性は見られないことが理解された。

アスペルギルス・サイトイ一、二‐アルファ‐D‐マンノシダーゼのアミノ末端三八残基が欠失したタンパク質に相当する*msdS*遺伝子のcDNAを、酸性プロテアーゼの遺伝子のプロモーターに制限酵素BamHIサイトで連結し、このものをあらかじめ硝酸還元酵素遺伝子を組み込んだ麴菌の発現ベクターに組み込み、pNAN‐AMIを得て、このプラスミドを硝酸還元酵素遺伝子を欠失した宿主麴菌（*niaD*⁻）株に形質転換し、一、二‐アルファ‐D‐マンノシダーゼを発現させた。[7] 細胞内酵

素である一、二-アルファ-D-マンノシダーゼの遺伝子を巧妙に発現分泌させる方法がみつかった。この間、黒麹菌の一、二-アルファ-マンノシダーゼ（EC 三・二・一・一一三）ならびにアオカビの一、二-アルファ-マンノシダーゼの二酵素と、この研究グループを指揮した吉田孝（現、弘前大学大学院農学生命科学研究科）の大きな貢献があった。

発現した遺伝子組換え一、二-アルファ-D-マンノシダーゼは培地一リットル中に約三〇〇ミリグラムも生産された。均一に精製された組換え一、二-アルファ-D-マンノシダーゼの分子質量はゲル濾過法で六五〇〇〇Da、タンパク質の熱融解温度（T_m）は摂氏七一度であった。[7]

遺伝子組換え一、二-アルファ-D-マンノシダーゼをピリジルアミノ化した蛍光基質（$Man_9GlcNAc_2$-PA）に作用させたところ、中間物（$Man_7GlcNAc_2$-PA）が一度たまり、最終的にはマンノース五残基（$Man_5GlcNAc_2$-PA）にいたって反応は終結した。

吉田孝の最近の展開はアオカビ一、二-アルファ-D-マンノシダーゼのX線による立体構造解析[15]や、麹菌のミクロソム酵素でマンノースを一残基のみ特異的に（$Man_9GlcNAc_2$-PA から→$Man_8GlcNAc_2$-PA に）遊離する酵素の存在、[16]そして独立行政法人酒類総合研究所の赤尾健らの、小胞体型一、二-アルファ-D-マンノシダーゼ遺伝子（*fmanIB*）のクローニングと発現の研究[17]に連携し発展している。

遺伝子組換え一、二-アルファ-D-マンノシダーゼは通商産業省遺伝子組換えDNA技術工業化指針の適合度確認安全度カテゴリー一を、一九九九年に通過し、二〇〇〇年に大関（株）で工業化、生化学工業（株）から発売された。大関（株）総合研究所長の熊谷知栄子、尾関健二（現、金沢工業大学）、峰時俊貴らのグループに大変お世話になった。

糖タンパク質の糖鎖構造解析のための研究を拓く新鋭の斧が一つ加わった。現在は、一、二－アルファ－D－マンノシダーゼは研究試薬として若い研究者に重宝がられている。一、二－アルファ－D－マンノシダーゼを利用した研究成果はいずれ大きな果実をもたらすものと期待される。

第十二章　麴菌の新展開にむけて
——生体物質からの発電への夢

　麴菌のゲノム解析の報告は二〇〇五年末の『ネイチャー』誌に出た。[1] そして同じ号に遺伝学でよく用いられるA・ニドゥランス菌と病原菌であるA・フミガツス菌のゲノム解析も報告された。[2] これらの情報源をもとに新しい展開を図ることがいろいろと検討され、一部は実施されている。[3]
　ここでは、麴菌に関する非常に基礎的な酵素化学的研究に対して、これに目をつけた他の研究グループによる連携から、まったく新しい展開を見、そしてその成果は、さらには別の分野の方の洞察から、今後エネルギー対策への途を目指す可能性をひめていることが考えられる。生体物質からの発電への夢を記す。

酸活性化する麴菌のチロシナーゼ

　チロシナーゼは動物、植物、そして微生物に普遍的に存在する生体防御酵素である。チロシナーゼは銅を必須とする金属酵素で、銅タンパク質中の「タイプ三の銅タンパク質」に所属している。このグループの銅タンパク質は、タンパク質分子中に二個の銅原子が対をつくり存在し、二個の銅原子間の反磁性相互作用のために電子常磁性共鳴分光法（ＥＰＲ）のスペクトルは検出できない。無脊椎動物の酸素運搬タンパク質ヘモシアニンや、メラニン形成による生体防御酵素であるチロシナーゼはこのタイプの銅を含む。

イセエビのヘモシアニンはＸ線結晶構造解析が行われ、分子中二個存在する銅原子は銅Ａ、銅Ｂと命名され、それぞれヒスチジン三残基が結合にかかわりのあるリガンドとして二つの銅原子に配位している。

麹菌のチロシナーゼは菌体内酵素である。液体培養によっては、酵素は菌体の中に不活性の前駆体プロチロシナーゼとして生合成され、そのままでは活性はない。麹菌のプロチロシナーゼはサブユニット四個からなる四量体として存在していることがわかった。麹菌は生育の初期にかなりの量のクエン酸を生産する。不活性のプロチロシナーゼを菌体磨砕物から分離し、pH 三・〇の酸ショック処理をすると、作用最適 pH を五付近にもつ活性型のチロシナーゼとなる。(4) そして、酸活性化により構造変化を起こすことも明らかになった。この活性化の仕組みはきわめてユニークなものである。他のチロシナーゼにはまったく見られない現象である。

麹菌にとってチロシナーゼの役割は、麹菌の細胞表層が損傷を受けた際に、培養環境中の pH が酸性ならば損傷部分をメラニン化し補修するのではないかと考えられている。

チロシナーゼの活性中心

その後、プロチロシナーゼ遺伝子（*melO*）のｃＤＮＡをクローニングし、これを酵母の発現ベクターに組み込み酵母細胞での発現に成功した。[5] 酵母細胞における発現系ではプロチロシナーゼの発現量がきわめて少ないので、大腸菌による発現系に変えた。この際に苦労したのは、摂氏一八度とした大腸菌培養の温度領域の問題と、チロシナーゼは銅酵素なので、銅濃度の問題であった。これらをクリアーし、プロチロシナーゼ遺伝子の上流にチオレドキシン遺伝子を融合させ融合タンパク質としての発現系の構築をしあげた。[6] この発現系を用いて、タンパク質工学の部位特異的変異によりチロシナーゼの活性中心における二つの銅原子、銅Ａと銅Ｂにそれぞれ配位しているアミノ酸残基を決定したところ、従来から知られたタイプ三の銅タンパク質であるヘモシアニンのＸ線構造解析からの類推によるものとはまったく異なった。銅Ａと結合しているアミノ酸残基はヒスチジン三残基と一残基の新奇システイン残基であり、銅Ｂと結合しているアミノ酸残基は従来推定されたものよりヒスチジン一残基多いヒスチジン四残基であるという、新しい活性中心構造を大学院後期課程学生の中村志芳により提出することができた。[6]

麹菌のプロチロシナーゼは酸処理により酸変性し四量体から二量体に転換する。この際に遠視外領域の円偏光二色性（ＣＤ）測定からの二次構造には大きな変化は見られないが、近紫外領域の円偏光二色性測定による二次構造、三次構造には大きな変化が起こり、不活性の前駆体プロチロシナーゼの時には疎水性領域に埋もれていた活性中心構造が露出し、チロシナーゼの活性化を示すようになるのである。活性化の際の二量体形成には別のサブユニットのシステイン一〇八残基同士によるジスルフィド結合が必須であることも明らかになった。

不活性プロチロシナーゼの酸処理によるチロシナーゼへの活性化の仕組みにはじめてふれて以来、四半世紀以上の年月がたち、いわば超駅伝研究が続いた。

さらにその後、小畑浩らにより固体麹で発現するチロシナーゼ遺伝子（*melB*）のヌクレオチド配列が決定された[7]。その情報から、固体培養で発現する遺伝子（*melB*）と液体培養で発現する遺伝子（*melO*）ヌクレオチド配列との同一性はたったの二四％であった[7]。興味深いことに、発現産物であるこの二酵素分子間の一次構造上の同一性はわずかであっても、この二分子種のチロシナーゼの酵素的性質はお互いに良く似ている。おそらく、両酵素タンパク質の全体の骨格構造、そして活性中心構造は良く似ていると考えられる。

米麹のグルコアミラーゼ

日本酒（清酒）醸造の特色は並行複醗酵による。並行複醗酵における清酒醪《もろみ》溶解過程での溶解速度を支配するものは、グルコアミラーゼによる糖化工程によると考えられている[8]。グルコアミラーゼ力価は麹の大切な品質評価項目となっている。特に吟醸酒のような高品質の日本酒（清酒）を醸造する場合、アルファ-アミラーゼに対してグルコアミラーゼ活性の高い麹を製造するように努力されてきた。

菌類のグルコアミラーゼの標準の分子はクロカビ（*Aspergillus niger*）のグルコアミラーゼ[9]にみられる。分子の基本骨格は、アミノ末端側に酵素反応を行う触媒ドメイン、カルボキシル末端側に生デンプン吸着を行う機能をもつドメイン、そしてこの両者を連結するセリンとトレオニンに富むヒンジ領域からなる。黒麴菌（*Aspergillus awamori*）グルコアミラーゼの触媒ドメインにおける活性中心アミノ酸残基はアスパラギン酸－一七六、グルタミン酸－一七九、グルタミン酸－一八〇の各残基である[10]。なお、触媒反応の遷移状態における安定性にトリプトファン－一二〇残基がかかわる。

麴菌（*Aspergillus oryzae*）の米麴中に生産されるグルコアミラーゼは、糖鎖に富む触媒ドメインのみをもち、生デンプン吸着ドメインも連結領域もない。固体麴で生産されるグルコアミラーゼの遺伝子（*glaB*）[11]の発現について詳細な検討の結果、固体培養の麴法でグルコアミラーゼの遺伝子（*glaB*）の転写を誘導する因子は、「低水分活性」、「高温培養」、そして「菌糸伸長ストレス」の三環境因子であることが判明した[12]。これらの因子は、いずれも米麴造りの際の重要なポイントとも重複している。

チロシナーゼ遺伝子とグルコアミラーゼ遺伝子の連携の妙

麴菌の液体培養で発現するプロチロシナーゼ遺伝子（*melO*）[5][6]のプロモーター領域に、固体培養で発現するグルコアミラーゼ（*glaB*）遺伝子をつなぎ、その組み込んだ発現ベクター（図12―1）を麴菌の細胞に入れて液体培養をすることで、固体培養で発現するグルコアミラーゼ遺伝子を液体培養により大量発現し、液体培地中にグルコアミラーゼを著しく生産する新しい方法を月桂冠（株）の石田

12–1 本来は固体培養で発現するグルコアミラーゼの液体培養による遺伝子発現ベクター構築

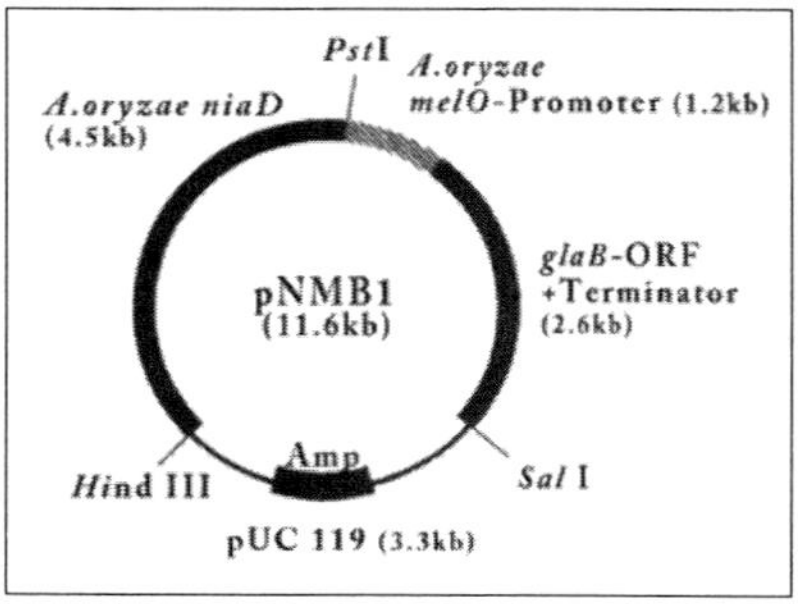

博樹らと共に確立した[13]。

以上の麹菌を工場にという新しい有用物質生産の方式は、いずれも私の研究室と他の研究機関との共同研究から世界に発信した新しいナノ・テクノロジーである。

デンプンの糖化の問題は一醸造工業のみの問題ではないから、今後の展開が注目される。例えば、最近「グルコース—空気生物燃料電池」が急速に注目されてきた。生物電気化学を専攻する谷口功による解説[14]がある。酵素化学からの新しい生体物質発電、そして新しい産業分野形成への夢につながる。

世界のエネルギー対応

昨今、地球環境問題が大きな課題として立ちはだかってきた。二〇世紀に続き、二一世紀も石油消費の世紀の様相を呈してきている。それらの影響は、地球温暖化としてすでに北極の氷山の大幅な溶解がはじまっている[15]。

一九九七年の地球温暖化防止会議で採択された「京都議定書」は、二〇〇五年二月一六日に正式に発効した。日本政府は二〇〇六年三月三一日に新たなバイオマス・ニッポン総合戦略として、バイオマスからの輸送用液体燃料の本格導入などが閣議決定された[16]。

石油への依存度を低下させるための取り組みとして、南米のブラジルやアルゼンチンではすでにサトウキビの搾汁をアルコール醱酵してエタノールを生産し、これを二〇%くらい自動車のガソリンに混ぜ、ガソホールとして自動車を走らせている。日本でも、かなり以前からこの問題を新燃料技術研究組合で取り上げ検討してきた。エタノールはジェット機をも飛ばすことのできる燃料なのだが、惜しいことに吸湿性があり金属を腐食させやすい欠点が指摘されてきた。

アメリカのブッシュ大統領は中東石油への依存度を二〇二五年までに七五%減らし、その代替えを主要農産物のコーンからのバイオアルコールにするという壮大な檄を飛ばし、アメリカのエネルギー政策の変換を行っている[17]。コーンはアメリカの輸出量の六割以上を占めるものだから、世界のコーン市場にあたえる影響はきわめて大きなものとなっている。日本は年間一六〇〇万トンのコーンを輸入しているが、その九四%はアメリカ産である。この影響は、日本に大きな津波のような影響を与える可能性がある。

イギリスのマーガレット・ベケット外相は『朝日新聞』に「地球の気候変動について、長期目標と国際合意で解決を」という一文を載せている[18]。日英両国は気候変動について、国際的な取り組みの中心になって協議をしてきた。日英の科学者は横浜にあるスーパーコンピュータ「地球シミュレータ」により、気候変動予測のモデルつくりでも協力している。日英両国の協力により、他の国々に協力するよう説得できれば、地球の気候変動は解決できると結んでいる。

地球の気候変動の解決のための主要なテクノロジーの根幹にアルコール醱酵技術がよこたわっている。アルコール醱酵の主役は酵母菌である。酵母菌のみがアルコール醱酵をするのかというと、そうではなく、アオカビの近縁グループ菌（*Paecilomyces* sp. NF1）株が植物バイオマスからエタノール生産を効率よくすることで知られている。[19] この菌株は、グルコースやフルクトースなどの通常の醱酵性糖のみならず、多糖類のデンプンなどからもエタノールを効率よく生産する。この株は、キシロースやエタノールのそれぞれの高い濃度に対して抵抗性を持っている。実は、カビのアルコール醱酵について、今から五分の四世紀も前の一九二八年に、坂口謹一郎は麴菌を麴汁上、摂氏二八―三〇度で一三―一五日間表面培養するとアルコール醱酵をすること、生成したアルコールは二種の誘導体に導き同定をし、報告している。[20]

さらに醱酵技術ということでは、ゴミとして処分される海藻からのメタン醱酵によるメタンガスの回収に世界初の開発に成功し、東京ガスは二〇〇七年度からの事業化を模索しているとの『毎日新聞』のニュースがある。[21]

エネルギー対応の点からは、石油資源のないわが国としては、光合成に依存する植物資源の活用がこれまで以上に重要な課題となる。幸いに、日本は水に恵まれている。植物資源の活用は、いつの日か、先述した酵素化学からの新しい生体物質発電、そして新しい産業分野形成への夢[22]につながる。

参考文献

はじめに

（1）Machida, M. *et al. Nature,* **438** (No.7071), 1157-1161 (2005).
（2）Goffeau, A. *Nature,* **438**, 756-758 (2005).
（3）一島英治『学士会会報』第八三六号、一三五―一四〇頁（二〇〇二）
（4）一島英治『日本醸造協会誌』第九九巻、二号、八三頁（二〇〇四）
（5）O'Neil, M. J. *et al.* eds. "THE MERCK INDEX–AN ENCYCLOPEDIA OF CHEMICALS, DRUGS, AND BIO-LOGICALS", Thirteenth Edition, MERCK & CO., INC., Whitehouse Station, NJ, USA (2001).
（6）麹酸の化学名は五‐ヒドロキシ‐二‐（ヒドロキシメチル）‐四エイチ‐ピラン‐四オン（5-hydroxy-2-(hydroxymethyl)-*4H*-pyran-4-one）あるいは五‐ヒドロキシ‐二‐（ヒドロキシメチル）‐四‐ピロン（5-hydroxy-2-(hydroxymethyl)-4-pyrone）である。
（7）Smith, A. D. *et al.* eds. "OXFORD DICTIONARY OF BIOCHEMISTRY AND MOLECULAR BIOLO-GY", Oxford University Press, Oxford (1997).
（8）コウジビオースはブドウ糖二分子からなる二糖（2-*O*-α-D-glucopyranosyl-D-glucopyranose）である。
（9）坂口謹一郎『日本農芸化学会誌』第四巻、二〇三―二一三頁（一九二八）
（10）Wu, J. F., Lastick, S. M. and Updegraff, D. M. *Nature,* **321**, 887-888 (1986).
（11）柳沢淇園著、森銑三校注『雲萍雑志』岩波文庫、八刷（一九九七）

(12) 貝原益軒・伊藤友信訳『養生訓』講談社、七刷(一九八七)
(13) 村上英也編『麴学』日本醸造協会(一九八六)
(14) 日本醸造協会編『分子麴菌学—麴菌研究の進展』(二〇〇三)、『改訂版　分子麴菌学』(二〇一二)
(15) 倉野憲司校注『古事記』岩波文庫、岩波書店、六九刷(二〇〇三)
(16) 西郷信綱『古事記注釈　第一巻』ちくま学術文庫、筑摩書房(二〇〇五)
(17) 岡田英弘『倭国の時代』朝日文庫、朝日新聞社(一九九四)
(18) 岡田英弘『日本人のための歴史学——こうして世界史は創られた』WAC文庫、ワック(株)(二〇〇七)

第一部

第一章　日本人の起源

(1) NHKスペシャル「日本人」プロジェクト編『日本人はるかな旅(全五巻)』、『(第一巻)マンモスハンター、シベリアからの旅立ち』、『(第二巻)巨大噴火に消えた黒潮の民』、『(第三巻)海が育てた森の王国』、『(第四巻)イネ、知られざる一万年の旅』、『(第五巻)そして、日本人が生まれた』、日本放送出版協会(二〇〇一)
(2) 尾本恵一『分子人類学と日本人の起源』裳華房(一九九六)
(3) 崎谷満『DNAが解き明かす日本人の系譜』勉誠出版(二〇〇五)
(4) 加藤晋平『日本人はどこから来たか——東アジアの旧石器文化』岩波新書(一九九八)
(5) 藤原宏志『稲作の起源を探る』岩波新書(一九九八)
(6) 大野晋『日本語の起源　新版』岩波新書、一三刷(二〇〇〇)
(7) 服部四郎『日本語の系統』岩波文庫(一九九九)
(8) 川瀬一馬『日本文化史』講談社学術文庫、四六—五三頁、一二刷(一九九四)
(9) 大野晋『弥生文明と南インド』岩波書店(二〇〇四)

（10）二宮陸雄『古事記の真実――神代編の梵語解』愛育社（二〇〇四）

第二章　稲作の起源

（1）徐朝龍『中国古代の謎に迫る　長江文明の発見』角川選書（一九九八）
（2）NHKスペシャル「日本人」プロジェクト編『日本人はるかな旅（全五巻）』、『（第一巻）マンモスハンター、シベリアからの旅立ち』、『（第二巻）巨大噴火に消えた黒潮の民』、『（第三巻）海が育てた森の王国』、『（第四巻）イネ、知られざる一万年の旅』、『（第五巻）そして、日本人が生まれた』日本放送出版協会（二〇〇一）
（3）池橋宏『稲作の起源――イネ学から考古学への挑戦』講談社（二〇〇五）
（4）中尾佐助『栽培植物と農耕の起源』岩波新書（一九六六）
（5）藤原宏志『稲作の起源を探る』岩波新書（一九九八）
（6）鳥越憲三郎『古代中国と倭族』中公新書（二〇〇〇）

第三章　古代社会と酒

（1）坂本太郎・家永三郎・井上光貞・大野晋校注『日本書紀（上）』岩波書店、新装版一刷（一九九三）
（2）小林章『植物の文化史――果樹園芸の源流を探る』養賢堂（一九九〇）
（3）辻誠一郎『酒史研究』第二二巻、二一―二八頁（二〇〇五）
（4）吉野裕編『風土記』東洋文庫、平凡社、二一頁（一九七七）
（5）関根真隆『奈良朝食生活の研究』吉川弘文館、二六四頁（一九八九）
（6）宮城文『日本醸造協会誌』第七一巻、二九―三一頁（一九七六）
（7）柚木学『酒造りの歴史』雄山閣出版、一三頁（一九八七）

(8)森博達『日本書紀の謎を解く　述作者は誰か』中公新書（一九九九）
(9)窪田蔵郎『鉄から読む日本の歴史』講談社学術文庫（二〇〇三）
(10)桶谷繁雄『金属と日本人の歴史』講談社学術文庫（二〇〇六）
(11)樋口清之『食物と日本人　日本の歴史　第二巻』講談社、九九―一〇〇頁（一九八六）
(12)石原道博編訳『新訂　魏志倭人伝　他三篇』岩波文庫、四五刷（一九八六）
(13)三浦周行『国史上の社会問題』岩波文庫（一九九〇）
(14)佐佐木信綱編『新訂　新訓　万葉集　上巻』岩波文庫、六九刷（一九八七）、『新訂　新訓　万葉集　下巻』岩波文庫、六九刷（一九八七）
(15)岸俊男『古代史からみた万葉集』学生社（一九九八）
(16)中西進『万葉集――全訳註原文付（一）』講談社、一九刷（一九九二）
(17)井上清『日本の歴史　上』岩波書店、五刷（一九六四）
(18)森銑三・柴田宵曲・池田孝次郎『日本人の笑』講談社学術文庫、三三頁（一九九〇）
(19)外池良三『酒の事典』東京堂出版、六一―六二頁、三刷（一九七八）
(20)坂口謹一郎『坂口謹一郎酒学集成　1』岩波書店、九六頁（一九九七）
(21)目崎徳衛『百人一首の作者たち』角川文庫（二〇〇五）
(22)池田亀鑑校訂『枕草子』岩波文庫、五四刷（二〇〇〇）
(23)佐藤謙三校注『今昔物語集　本朝仏法部　下巻』角川書店、一七刷、二九〇―二九三頁（一九九〇）
(24)上田誠之助『日本酒の起源――カビ・麴・酒の系譜』八坂書房（一九九九）

第四章　中・近世の人と酒

(1)柚木学『酒造りの歴史』雄山閣出版、一九頁（一九八七）

(2) 兵頭裕己『太平記〈よみ〉の可能性』講談社学術文庫（二〇〇五）
(3) 吉田元『日本の酒――中世末期の発酵技術を中心に』人文書院（一九九一）
(4) 尾藤正英『江戸時代とはなにか　日本史上の近世と近代』岩波現代文庫、学術一五八（二〇〇六）
(5) 宮本又次『豪商列伝』講談社学術文庫、八五―九九頁（二〇〇三）
(6) 千野光芳『化学と工業』第四二巻、二〇四七頁（一九八九）
(7) 坂口謹一郎『古酒新酒』講談社（一九七五）
(8) 稲垣真美『現代焼酎考』岩波新書（一九八五）
(9) 中村俊定校注『芭蕉紀行文集　付　嵯峨日記』岩波文庫、東京、四三刷、八一頁、一二七頁（二〇〇四）
(10) 幸田露伴『芭蕉入門』新潮文庫、四刷（一九九四）
(11) 復本一郎『俳人名言集』朝日新聞社、三一頁、一三三頁（一九八九）
(12) 吉野秀雄『良寛　歌と生涯』筑摩書房、一〇刷（一九八九）
(13) 大島花束・原田勘平訳注『良寛詩集』岩波文庫、一六刷（一九九二）
(14) 中野孝次『良寛　心のうた』講談社＋α文庫、六七―七〇頁（二〇〇二）
(15) 水島直文・橋本政宣編注『橘曙覧全歌集』岩波文庫、一刷（一九九九）
(16) 柳沢淇園・森銑三校注『雲萍雑志』岩波文庫、八刷、七六―七七頁（一九九七）
(17) 赤瀬川原平監修『辞世のことば』講談社（一九九二）
(18) 伊藤友信訳『養生訓』講談社、七刷（一九八七）
(19) 柴田宵曲『古句を観る』岩波文庫、一〇刷（一九九四）
(20) 笠井俊弥『蕎麦　江戸の食文化』岩波書店（二〇〇一）
(21) 松平定信・松平定光校註『宇下人言・修行録』岩波文庫、第九刷（二〇〇四）

第五章　昔からの調味料のながれ
（1）宮本常一『塩の道』講談社学術文庫、二三刷（一九九八）
（2）関根真隆『奈良朝食生活の研究』吉川弘文館、第三刷（一九八九）
（3）佐佐木信綱編『新訂　新訓　万葉集　上巻』岩波文庫、六九刷（一九八七）、『新訂　新訓　万葉集　下巻』岩波文庫、六三刷（一九八七）
（4）南波浩校注『紫式部集』岩波文庫、一〇刷（一九九一）
（5）鬼頭清明『木簡の社会史――天平人の日常生活』講談社学術文庫（二〇〇四）
（6）人見必大・島田勇雄訳注『本朝食鑑　一』平凡社、東洋文庫二九六、第三刷（一九七八）
（7）杤尾武校注『玉造小町子壮衰書――小野小町物語』岩波文庫（一九九四）
（8）篠田統『すしの本』岩波現代文庫、社会七〇（二〇〇二）
（9）川上行蔵・小川昌洋編『食生活語彙五種便覧』岩波書店（二〇〇六）
（10）清水文雄校注『和泉式部集　和泉式部続集』岩波文庫、第一〇刷（二〇〇二）
（11）北村北海・西沢道寛訳注『日本詩史』岩波文庫、四刷（二〇〇五）
（12）中村彰彦『保科正之――徳川将軍家を支えた会津藩主』中公文庫（二〇〇六）

第二部
第六章　近代化学を創出した三人の日本人化学者
（1）飯沼和正『あるのかないのか？　日本人の独創性　草創期科学者たちの業績から探る』講談社ブルーバックスB―七一三（一九八七）
（2）飯沼和正・菅野富雄『高峰譲吉の生涯――アドレナリン発見の真実』朝日新聞社（二〇〇〇）

(3) 山嶋哲盛『日本科学の先駆者　高峰譲吉——アドレナリン発見物語』岩波ジュニア新書（二〇〇一）
(4) 朝永振一郎『科学者の自由な楽園』岩波文庫（二〇〇〇）
(5) Smith, J.E. “Biotechnology”, Third edition, Cambridge University Press, p. 73 (1996).
(6) 坂口謹一郎『愛酒楽酔』ＴＢＳブリタニカ、一五五頁（一九八六）
(7) 坂口謹一郎『坂口謹一郎酒学集成　1—5』岩波書店（一九九七—一九九八）
(8) 坂口謹一郎『日本農芸化学会誌』第四巻、二〇三—二一三頁（一九二八）
(9) Wu, J. F., Lastick, S. M. and Updegraff, D. M. *Nature*, **321**, 887-888 (1986).
(10) Bud, R. “The use of life. A history of biotechnology”, Cambridge University Press, p.145-148 (1993).
(11) Sakaguchi, K. and Murao, S. *J. Agric. Chem. Soc. Japan*（日本農芸化学会）, **23**, 411 (1950).
(12) Akabori, S., Ikenaka,T. and Hagihara,B. *J. Biochem.*, **41**, 577-582 (1954).
(13) Matsubara, Y. *et al. J. Biochem.* 87,1555-1558 (1980); *J. Biochem.*, **95**, 697-702 (1984); 松浦良樹『日本応用糖質科学会誌』第五一巻、一八五—一九二頁（二〇〇四）
(14) 池中徳治『蛋白質 核酸 酵素』第四〇巻、二〇九—二一六頁（一九九五）
(15) 赤堀四郎・中西一夫・藤井克美『酵素化学シンポジウム』第五巻、九五、南江堂（一九五〇）
(16) Nakanishi, K. *J. Biochem.*, **46**, 1263 (1959)
(17) 赤堀四郎編『酵素ハンドブック』朝倉書店（一九六六）
(18) 丸尾文治・田宮信雄監修『酵素ハンドブック』第二版、朝倉書店（一九八二）
(19) 八木達彦他編『酵素ハンドブック』第三版、朝倉書店（二〇〇八）
(20) 赤堀四郎他『化学』二・三月号、化学同人（一九八三）
(21) 赤堀四郎『生命《いのち》とは——思索の断片』共立出版（一九八八）
(22) Ando, T. *Biochim. Biophys. Acta*, 114, 158-168 (1966)
(23) レイモンド・W・ベック著、嶋田甚五郎・中島秀喜監訳『微生物学の歴史　II』朝倉書店、一四四頁（二〇〇四）

(24) 北原覚雄・久留島通俊『醱酵工学雑誌』第二一巻、二五四—二五七頁（一九四九）
(25) Ueda, S. *Bull. Agr. Chem. Soc. Japan,* **21**, 284-287 (1956).
(26) Tsujisaka, Y. *et al. Nature,* **181**, 770-771 (1958).
(27) S・ジャコブソン他、田中直訳『バイオテクノロジーと第三世界』勁草書房（一九九〇）

第七章　安全な麹菌と発がん性アフラトキシンをつくるカビ

（1） Sargeant, K. A., Sheidan, J., Kelly, O., Carnaghan, R. B. A. *Nature,* **192**, 1096-1097 (1961).
（2） 国際純正応用化学連合（IUPAC）命名法によると、次のようになる。(6a*R-cis*)-2,3,6a,9a-Tetrahydro-4-methoxycyclopenta[*c*]furo[3' ,2' :4,5]furo[2,3-*h*][1]-benzopyran-1,11-dione. $C_{17}H_{12}O_6$; mol wt 312.27.
（3） IUPACの命名法。3,4,7a*α*,10a*α*-Tetrahydro-5-methoxy-1*H*,12*H*-furo[3' ,2' :4,5]furo[2,3-*h*]pyrano[3,4-*c*][1]benzopyran-1,12-dione. $C_{17}H_{12}O_7$; mol wt 328.27.
（4） アフラトキシンM_1は、B_1の九aの位置のヒドロキシル化による化合物である。2,3,6a,9a-Tetrahydro-9a-hydroxy-4-methoxy-cyclopenta[*c*]furo[3' ,2' :4,5]furo[2,3-*h*][1]benzopyran-1,11-dione; 4-hydroxyaflatoxin B_1. $C_{17}H_{12}O_7$; mol wt 328.27.
（5） Carnaghan, R. B. A., Hartley, R. D. and O' Kelley, J. *Nature,* **200**, 1101 (1963).
（6） Wei, D. L. and Jong, S. C.: *Mycopathologia,* **93**, 19-24 (1986).
（7） 松島健一郎『日本醸造協会誌』第九七巻、五五九—五六六頁（二〇〇二）
（8） Watson, A.J., *et al. : Appl. Environ. Microbiol.,* **65**, 307-310 (1999).
（9） Matsushima, K., *et al. : Appl. Microbiol. Biotechnol.,* **55**, 585-589 (2001).
（10） Murakami, H., *et al. : J. Gen. Appl. Microbiol.,* **13**, 323-334 (1967).
（11） Kusumoto, K., *et al. : FEMS Microbiol. Lett.,* **169**, 303-307 (1998).

(12) Kusumoto, K., *et al.* : *Curr. Genet.*, **37**, 104-111 (2000).
(13) 秋田修『日本醸造協会誌』第一〇一巻、五三六—五四八頁（二〇〇六）
(14) Tominaga, M., *et al. Appl. Environ. Microbiol.*, **72**, 484-490 (2006).
(15) Machida, M. *et al. Nature*, **438**, 1157-1161 (2005).

第八章 麹菌の生物学

(1) デービット・アボット編／日本語版監修 伊藤俊太郎『世界科学者事典』原書房、一九八一一九九頁（一九八五）
(2) Margulis, L. and Schwartz, K. V. "Fivekingdoms. An illustrated guide to the phyla of life on earth", Second Edition, W. H. Freeman and Company, New York (1988)
(3) Whittaker, R.H. *Science*, **163**, 150-160 (1969).
(4) Woese, C. R., Kandler, O. and Wheelis, M. L, *Proc. Natl. Acad. Sci. USA*, **87**, 4576-4579 (1990).
(5) 杉山純多編『菌類・細菌・ウイルスの多様性と系統』裳華房、五頁、三二三頁（二〇〇五）
(6) 安藤勝彦・杉山純多『農芸化学の事典』鈴木昭憲・荒井綜一編、朝倉書店、四七二頁、四八一頁（二〇〇三）
(7) Kavanagh, K. "Fungi. Biology and Application", John Wiley & Sons, Ltd. (2005).
(8) 堀内裕之『日本醸造協会誌』第九五巻、八六七—八七七頁（二〇〇〇）
(9) 丸山潤一・北本勝ひこ『日本醸造協会誌』第九九巻、七五一—七五九頁（二〇〇二）
(10) Ainsworth,G.C. *Bibliography of systematic mycol.* **1996**, (1) 1 (1996).
(11) 一島英治『麴学』、村上英也編、日本醸造協会、八一—一〇九頁、四刷（二〇〇〇）
(12) Zhu, L. Y., Nguyen, C. H., Sato, T. and Takeuchi, M. *Biosci. Biotechnol. Biochem.*, **68**, 2607-2612 (2004).
(13) 村上英也編著『麴学』、日本醸造協会、四八一—八一頁（二〇〇〇）
(14) Yanagita, T. *J. Gen. Appl. Microbiol.*, **9**, 343-351 (1963).

(15) Tsay, Y., Nishi, K. and Yanagita, T. *J. Biochem.*, **58**, 487-493 (1965).
(16) Kawakita, M. *Plant Cell Physiol.*, **11**, 377-384 (1970), *J. Biochem.*, **68**, 625-631 (1970).
(17) Deacon,J.W.（山口英世、河合康雄共訳）『現代真菌学入門』四六頁、培風館（一九七七）
(18) 別府輝彦『蛋白質 核酸 酵素』第二四巻、三〇七—三一二頁（一九七九）
(19) Tamiya, H., *Acta Phytochim.*, **4**, 77-213 (1928); *Acta Phytochim.*, **4**, 215-218 (1929).
(20) 坂口謹一郎・中野政弘『日本農芸化学会誌』第八巻、一一五—一二一頁（一九三二）
(21) Burnett, J. H. "Fundamentals of Mycology", Edward Arnold Publishers (1976).
(22) Hata, Y. *et al. J. Ferment. Bioeng.*, **84**, 532-537 (1997).
(23) Hata, Y. *et al.; Gene*, **207**, 127-134 (1998).
(24) 秦洋二『分子麹菌学』、（財）日本醸造協会編、五〇—五八頁（二〇〇三）
(25) Ishida, H. *et al. J. Ferment. Bioeng.*, **86**, 301-307 (1998).
(26) Ishida, H. *et al. Curr. Genet.*, **37**, 373-379 (2000).

第九章　麹菌醸造産業の思想

(1) 西岡常一・小川三夫・塩野米松『木のいのち木のこころ［天・地・人］』新潮文庫（二〇〇五）
(2) 柚木学『酒造りの歴史』雄山閣出版（一九八七）
(3) 坂口謹一郎『坂口謹一郎　酒学集成　1—5』岩波書店（一九九七—一九九八）
(4) 上田誠之助『日本酒の起源』八坂書房、東京、一—二三八頁（一九九九）
(5) 秋山裕一『酒づくりのはなし』技報堂出版（一九九二）
(6) 田中潔『アルコール長寿法——晩酌のすすめ』共立出版（一九八五）
(7) 佐久間慶子『栄養と遺伝子のはなし——分子栄養学入門』技報堂出版（二〇〇〇）

（8） Farrant, M. and Cull-Candy, S. *Nature,* **361**, 302-303 (1993).
（9） 今安聰『秘められた清酒のヘルシー効果』地球社（一九九七）
（10） 入江元子・大浦新・秦洋二『日本醸造協会誌』第一〇一巻、四六四―四六九頁（一九九九）
（11） 杉山晋朔『温古知新』第二七号、一―七頁（一九九〇）
（12） Matsuura, Y. *et al. J. Biochem.,* **95**, 697-702 (1984).
（13） 北原覚雄・久留島通俊『醗酵工学雑誌』第二一巻、二五四―二五七頁（一九四九）
（14） Ueda, S. *Bull. Agr. Chem. Soc. Jpn.,* **21**, 284-287 (1956).
（15） Tsujisaka, Y. *Nature,* **181**, 770-771 (1958).
（16） （財）日本醸造協会編『醸造物の成分』、日本醸造協会（一九九九）
（17） 広常正人『日本醸造協会誌』第九九巻、八三六―八四一頁（二〇〇四）
（18） 森茂治『工業用糖質酵素ハンドブック』岡田茂孝・北畑寿美雄監修、一三二―一三三頁、講談社サイエンティフィク（一九九九）
（19） 傳田光洋『皮膚は考える』岩波科学ライブラリー、第三刷（二〇〇六）
（20） 坂口謹一郎・飯塚廣・山崎千二『日本農芸化学会誌』第二四巻、一三八―一四二頁（一九五一）
（21） Ichishima, E. “Handbook of Proteolytic Enzymes”, Second Ed., Vol.1, (Barrett. A. J. *et al.* eds.) Elsevier Academic Press, p.92-99, Amsterdam (2004).
（22） Ichishima, E. *Biosci. Biotechnol. Biochem.,* **64**, 675-688 (2000).
（23） Chiba,Y. *et al. Biochem. J.,* **308**, 405-409 (1995)
（24） 岩下和裕『分子麹菌学』（財）日本醸造協会編、七九―八八頁（二〇〇三）
（25） 佐々木正興・森修三『日本醸造協会誌』第八六巻、九一三―九二二頁（一九九一）
（26） 布村伸武『日本醸造協会誌』第一〇一巻、一五一―一六〇頁（二〇〇六）
（27） 一島英治『日本醸造協会誌』第九七巻、七―一六頁（二〇〇二）

(28) 一島英治『バイオサイエンスとインダストリー』第六二巻、七二二―七二七頁（二〇〇四）
(29) 大西邦男『日本醸造協会誌』第九五巻、八七八―八八四頁（二〇〇〇）
(30) Toida, J. *et al. FEMS Microbiol. Lett.*, **189**, 159-164 (1995).
(31) Tsuchiya, A. *et al. FEMS Microbiol. Lett.*, **143**, 63-67 (1996).
(32) Ohnishi, K. *et al. FEMS Microbiol. Lett.*, **126**, 145-150 (2000).

第十章　日本酒（清酒）の隘路打開

(1) 化学構造式は、$(CH_3)_2CHCH_2CHO$
(2) 山下伸雄・窪寺隆文『生物工学会誌』第八四巻、八九―九五頁（二〇〇六）
(3) 化学構造式は、$(CH_3)_2CHCH_2CH_2OH$
(4) Yamashita, N., Motoyoshi, T. and Nishimura, A. *Biosci. Biotechnol. Biochem.*, **63**, 375-379 (1999).
(5) Yamashita, N., Motoyoshi, T. and Mishimura, A. *J. Biosci. Bioeng.*, **89**, 522-527 (2000).
(6) 遺伝子登録番号は、GenBank Accession No. AB48606
(7) 遺伝子登録番号は、GenBank Accession No. E54863
(8) Kubodera, T., Yamashita, N. and Nishimura, A. *Biosci. Biotechnol. Biochem.*, **64**, 1416-1421 (2000).
(9) Kubodera, T., Yamashita, N. and Nishimura, A. *Biosci. Biotechnol. Biochem.*, **66**, 404-406 (2002).
(10) 北本勝ひこ・丸山潤一、Praveen Rao Juvvadi『生物工学会誌』第八三巻、二七七―二七九頁（二〇〇五）
(11) Sudarsan, N., Barrick, J. E. and Breaker, R. R. *RNA*, **9**, 644-647 (2003)

第十一章　博物学へのすすめ

(1) Ichishima, E. Arai, M., Shigematsu,Y., Kumagai, H. and Sumida-Tanaka, R. *Biochim. Biophys. Acta,* **658**, 45-53 (1981).

(2) Yamashita, K., Ichishima, E., Arai, M. and Kobata, A. *Biochem. Biophys. Res. Commun.,* **96**, 1335-1342 (1980).

(3) Chiba, Y., Yamagata, Y., Nakajima, T. and Ichishima, E. *Biosci. Biotechnol. Biochem.,* **56**, 1371-1372 (1992).

(4) Chiba, Y., Yamagata, Y., Iijima,S., Nakajima, T. and Ichishima, E. *Curr. Microbiol.,* **27**, 281-288 (1993).

(5) Inoue, T., Yoshida, T. and Ichishima, E. *Biochim. Biophys. Acta,* **1253**, 141-145 (1995).

(6) Yoshida, T. and Ichishima, E. *Biochim. Biophys. Acta,* **1263**, 159-162 (1995).

(7) Ichishima, E. *et al. Biochem. J.,* **339**, 589-597 (1999).

(8) Fujita, A., Yoshida,T. and Ichishima, E. *Biochem. Biophys. Res. Commun.,* **238**, 779-783 (1997).

(9) Tatara, Y., Lee, B. R., Yoshida, T., Takahashi, K. and Ichishima, E. *J. Biol. Chem.,* **278**, 25289-25294 (2003).

(10) Tatara, Y., Yoshida, T. and Ichishima, E. *Biosci. Biotechnol. Biochem.,* **69**, 2101-2108 (2005).

(11) Ichishima, E. *Biochim. Biophys. Acta,* **258**, 274 - 288(1972); *Comments Agric. & Food Chemistry,* **Vol. 2**, (No.4), 279-298 (1991).

(12) 日本化学会編『日本の化学百年史――化学と化学工業の歩み』東京化学同人、五六七頁（一九七八）

(13) Chiba, Y., Midorikawa, T. and Ichishima, E. *Biochem. J.,* **308**, 405-409 (1995).

(14) Chiba, Y., Suzuki, M., Yoshida, S., Yoshida, A., Ikenaga, H., Takeuchi, M., Jigami, Y. and Ichishima, E. *J. Biol. Chem.,* **273**, 26298-26304 (1998).

(15) Labsanov, Y. D., Vallee, F., Imberty, A., Yoshida,T., Yip, P., Herscovics, A. and Howell, P. L. *J. Biol. Chem.,* **277**, 5620-5630 (2002).

(16) Yoshida, T., Kato, Y., Asada, Y. and Nakajima, T. *Glycoconjugate J.,* **17**, 745-748 (2000).

(17) Akao, T., Yamaguchi, M., Yahara, A., Yoshiuchi, K., Fujita,H., Yamada, O., Akita, O., Ohmachi, T., Asada, Y. and Yoshida, T. *Biosci. Biotechnol. Biochem.,* **70**, 471-479 (2006).

（1） Machida, M. *et al. Nature,* **438** (No.7071), 1157-1161 (2005).
（2） Goffeau, A. *Nature,* **438**, 756-758 (2005).
（3） 糸状菌遺伝子研究会編『麹菌ゲノムシンポジウム――国菌としての麹菌、その故きを温ねて新しきを知る』、平成一八年六月九日、東京大学農学部弥生講堂、http://fungi.mysterious.jp/MAIN-J.html
（4） Ichishima, E., Maeba, H., Amikura, T. and Sakata, H. *Biochim. Biophys. Acta,* **786**, 25-31 (1984).
（5） Fujita, Y., Uraga, Y. and Ichishima, E. *Biochim. Biophys. Acta,* **1261**, 151-154 (1995).
（6） Nakamura, M., Nakajima, T., Ohba, Y., Yamauchi, S., Lee, B. R. and Ichishima, E. *Biochem. J.,* **350**, 537-545 (2000).
（7） Obata, H., Ishida, H., Hata, Y., Kawato, A., Abe, Y., Akao, T., Akita, O. and Ichishima, E. *J. Biosci. Bioeng.,* **97**, 400-405 (2004).
（8） 秦洋二・石田博樹『分子麹菌学――麹菌研究の進展』（財）日本醸造協会編、五〇―五八頁（二〇〇三）
（9） Boel, E., Hansen, M. T., Hjort, I., Hoegh, I. and Fill, N. O. *EMBO J.,* **3**, 1581-1585 (1984).
（10） Sierks, M. R., Ford, C., Reilly, P. J. and Svensson, B. *Protein Eng.,* **3**, 193-198 (1990).
（11） Hata, Y., Ishida, H., Ichikawa, E., Kawato, A., Suginami, K. and Imayasu, S. *Gene,* **207**, 127-134 (1998).
（12） Ishida, H., Hata, Y., Ichikawa, E., Kawato, K., Suginami, K. and Imayasu, S. *J. Ferment. Bioeng.,* **86**, 301-307 (1998).
（13） Ishida, H., Matsumura, K., Hata, Y., Kawato, A., Suginami, K., Abe, Y., Imayasu, S. and Ichishima, E. *Appl. Microbiol. Biotechnol.,* **57**, 131-137 (2001).
（14） 谷口功『現代化学』第四二一号、二二―二七頁（二〇〇六）
（15） アル・ゴア、枝廣淳子訳『不都合な真実』ランダムハウス講談社（二〇〇六）
（16） 齋藤熹敬『バイオサイエンスとインダストリー』第六四巻、五一五―五二二頁（二〇〇六）

(17) 阮蔚《ルアンウェイ》『朝日新聞』朝刊、六月二四日（二〇〇六）
(18) マーガレット・ベケット『朝日新聞』朝刊、六月二一日（二〇〇六）
(19) Wu, J. F., Lastick, S. M. and Updegraff, D. M. *Nature*, **321**, 887-888 (1986).
(20) 坂口謹一郎『日本農芸化学会誌』第四巻、二〇三―二一三頁（一九二八）
(21) 江口一『毎日新聞』朝刊、七月三日（二〇〇六）
(22) 高妻篤史、宮原盛夫、渡邉一哉「化学と生物」第五〇巻、一五〇―一五二頁（二〇一二）

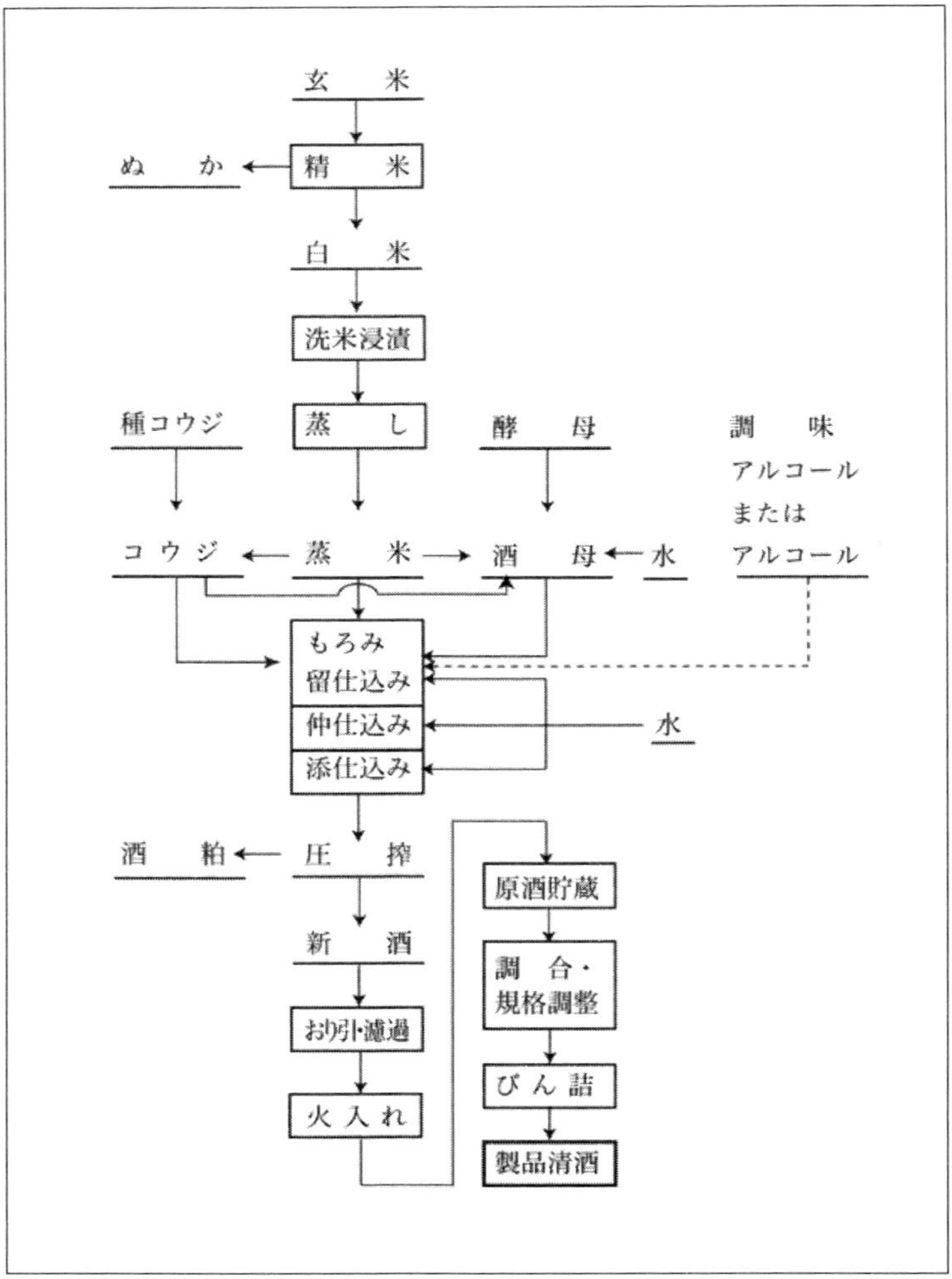

付録 1　日本酒（清酒）製造工程

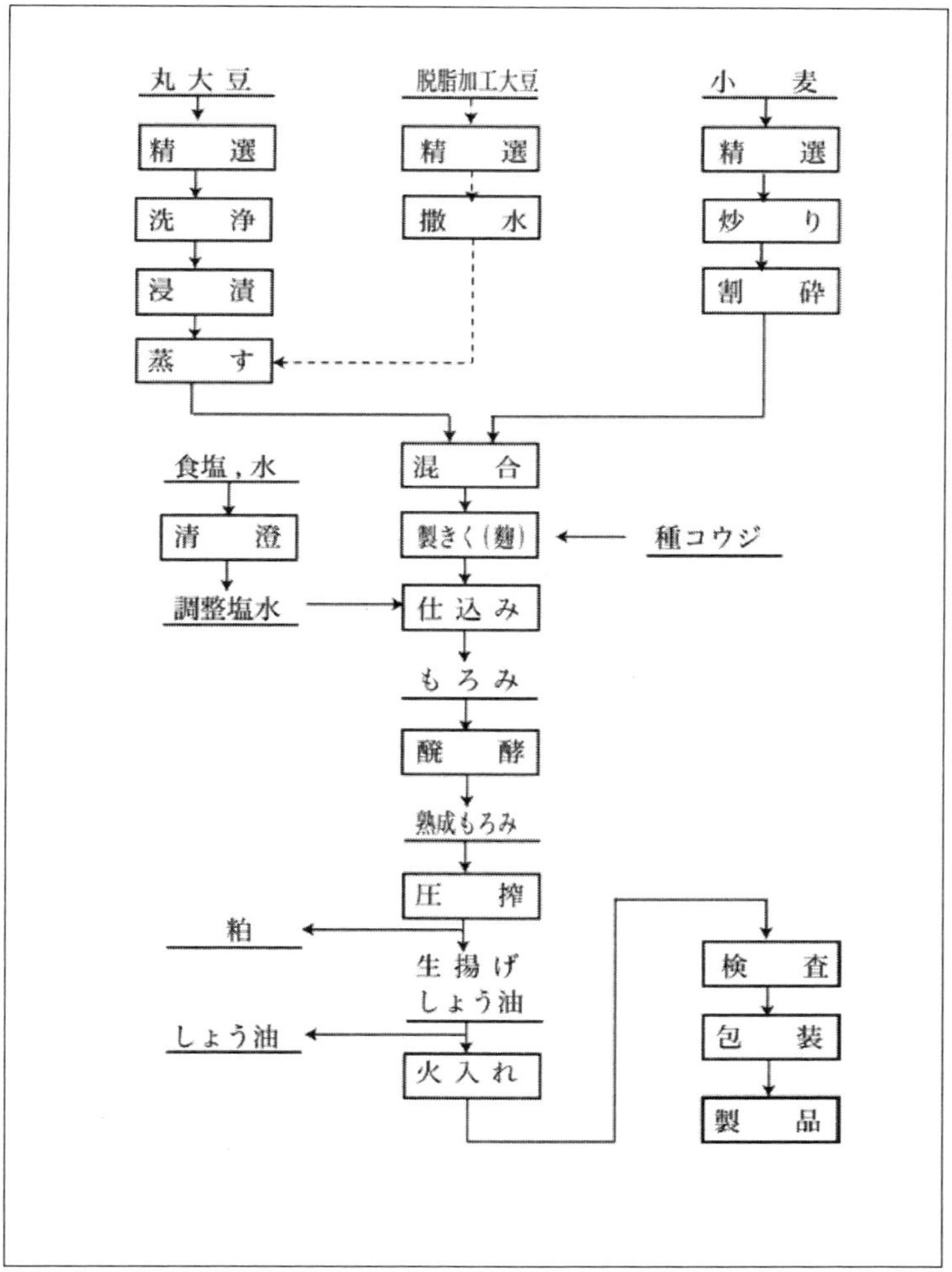

付録 2 濃口醬油製造工程

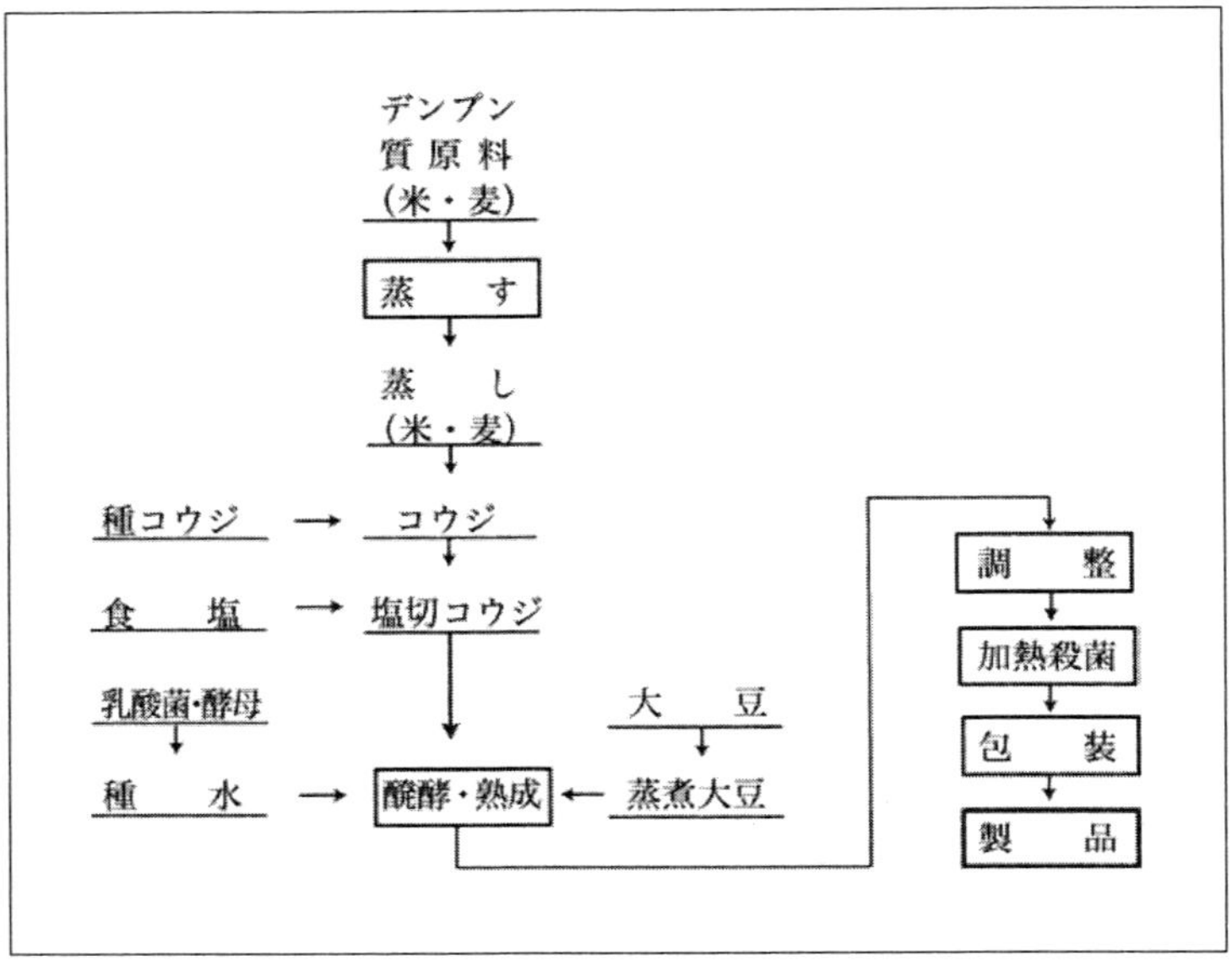
デンプン
質原料
(米・麦)
蒸す
蒸し
(米・麦)
種コウジ
コウジ
食塩
塩切コウジ
乳酸菌・酵母
種水
大豆
醗酵・熟成
蒸煮大豆
調整
加熱殺菌
包装
製品

付録 3 味噌製造工程

おわりに

卒業研究で麴菌のデンプン分解酵素について、田邉脩教授に手ほどきをしていただいた昭和三一年（一九五六）から今日まで半世紀たった。この間おもに、麴菌の酵素を自分の目で見、自分の手でつくる匠の道をたどった。なにが私を麴菌にひきつけたのだろうか。

私たちの世代は、もの心ついたときから日本の国は戦争をしていた。昭和一五年（一九四〇）に東京都の最後の尋常小学校に入学し、五年生のとき首都東京の国民学校の学童は東京の親元からはなれ強制的に地方に疎開させられた。六年生のときに、日本は敗戦。そして次の年、昭和二一年（一九四六）は旧制度最後の都立中学校の入学試験があった。当時、中等学校に進学できたのは、同年齢の中の一〇人に一人といわれた。日本の国がまだ貧しかった頃のことである。昭和二二年に、日本を占領した連合国軍総司令部ＧＨＱの学制改革で今日の六・三・三制になった。われわれは最下級生として四年間を過ごした。それは、旧制中学校・新制高等学校が臨時の中・高一貫の六年制教育の場に急変したからである。

感受性の強いこの年代に、大日本帝国から敗戦後の日本国への変換の時期をすごした。国とはなにか、国を支えてきた文化は、文化を担ってきた人びと、その人びとを支えてきた食とは、というようなことを常に反芻しながら考えさせられてきた。

私たちは、第二次世界大戦の敗戦前後にわたる一時期において、いささかいやな言葉になるが、日本の教育の実験場に入れられてきたようである。大学の入学試験を受ける前に、進学適性検査なる国家試験を受けなければ受験できない仕組みだった。今の時代の方からは、考えられないような時代だった。それでも、私たちは以前の先輩の生徒たちの持っていなかった「戦争の無い平和」の時代を持っていた。日本の国は、半世紀すこし前くらいまでは、まだ中世のような時代であったともいえる。大学は、農学部で農芸化学をまなび、社会に出た。そして、会社勤めは満一二年半後に、会社からはなれ学校に出た。ちょうど、全国の大学紛争の盛んな頃であった。

本文にも触れたが、一九七〇年代初め頃に小さな研究室を立ち上げた際、最も養育費のかからない生物はなにかと考えた。結局、今から百年以上も前の高峰譲吉の故事にならい、麴菌・黒麴菌をとり扱うようにした。もっとも、学窓をでて最初に就職したところは醸造会社で、半年間工場で現場実習をした。当初の工場実習の二か月間は、麴つくりだった。その後、黒麴菌の消化酵素剤を開発したときには、酒造りにたずさわった杜氏の方からそれこそマン・ツー・マンで麴つくりを習った。このような下地があったことが、麴菌を実験材料に選ばせたことかもしれない。

私は、歴史や古典にひかれ、研究の合間に身近な書物からいろいろなことを吸収した。これらのことを学ぶうちに、温帯にある日本の国の食のなりたち、そして食の変化の状況に興味を惹かれるようになった。次第に、この温度帯において、ひっそりとではあるが、日本の人びとによりそっている微生物は麴菌であることに気がついた。

神代に遡って、カビによる酒つくりは、八岐大蛇を退治するために醸造した『日本書紀』の正文中にある「八醞《やしほをり》の酒」、『古事記』では「八塩折の酒」などの記録から推察される。原料を米とすれば、恐らくは、用いたカビは麴菌であったろうと思う。

ところで、「日本」という国号について、朝鮮半島の新羅国の記録では、天智九年（六七〇）の年末、陰暦一二月に「倭国が号を日本と更めた」とある。岡田英弘（『倭国の時代』朝日文庫）は、恐らく天智天皇の『近江律令』で正式に規定されたものと推定し、六七〇年に新羅を訪問した阿曇連頰垂《あづみのむらじつらたり》が、日本国を名乗った使節の最初であると述べている。『日本書紀』には、秋九月《あきながづき》の派遣が記されている。

日本の古代の酒に詳しい月桂冠大蔵記念館の栗山一秀博士の「清酒の歴史」（『第五回国際酒文化学術研討会論文集』二二一—三〇頁、（財）日本醸造協会、二〇〇四年）によると、八世紀には、水田一〇〇万ヘクタール、収穫米一〇〇万トンほどの水稲耕作は普及していた。九世紀の宮廷の酒造にかかわった氏族には『新撰姓氏録』によると渡来系の姓はみられないこと、一〇世紀の「造酒司《みきのつかさ》」によると、麴殿で麴（糵《よねのもやし》）をつくり、酒殿でもろみを仕込んだということである。

麴菌の産物である日本酒（清酒）は、古くから祭祀、政治、経済、そして文化の面など国のレベルにおいても大きな影響をあたえてきた。個人のレベルにおいても、冠婚葬祭には酒はつきものである。調味食品である、醬油、味噌なども古くからこの日本列島の人びとに愛用されてきた。近年は、クエン酸生産能の高い黒麹菌の産物である焼酎や黒酢などもわれわれの生活の必需品となっている。

麹菌の酵素研究から、私が学んだ「ものの見方・考え方」を列挙する。

（一）　酸性プロテアーゼ研究からえた、「酵素化学は 純度との戦いである」。

（二）　マンノシダーゼの研究からえた、「基礎的研究は 若い研究者の助成になる」。

（三）　チロシナーゼ研究からえた、「ありふれたもの・しくみ の中に前人未知の真理がある」。

酵素化学研究の学徒として生きた私の指標は次に要約される（『酵素は生きている』裳華房、一九九五年）。

異質をばとり込むこころ酵素学　進むる道と心得にけり

以上は、私の酵素化学研究からの贈り物である。私は学窓を出てから、会社、財団法人、国立大学二学部、私立大学と都合五組織に籍をおいた。この間、多くの人と人との出会いによってこの「宝」はもたらされた。私の研究室は大きな規模ではなかったが、半世紀にわたる酵素化学研究の超長距離の駅伝を続けてきたともいえる。私の研究室の成果はすでに紹介した研究者を支えた名前を記さなかった数多くの共同研究者の連携により成し遂げられたものである。二〇年近く、吉田孝ならびに山形洋平は新入の研究学徒の教育訓練に多大の尽力を惜しまなかった。長い研究の期間、文部科学省、農林水産省をはじめ多くの会社、各種の財団から研究助成を受けた。あらためて、各位に感謝する。

そして、これらの研究を追究した「こころ」は、一面で行雲流水の自由に飛びまわる「あそび心」

（『日本農芸化学会誌』第七八巻九号、一頁、二〇〇四年）を求めた。あそび心は「酵素の散歩道」『酵素工学ニュース』（第五五号、二頁、二〇〇六年）を逍遥した。また、近著「酒のおいしさ―古典からさぐる」『日本味と匂学会誌』（第一二巻、一六一―一七〇頁、二〇〇五年）に麹菌の影をもとめた。

「麹」という字にかかわる言葉をあげる。「麹君（きくくん）」は酒の別名である。「麹院（きくいん）」は酒を造るところ。酒屋、酒房である。「麹神（きくしん）」は酒の神。または、きわめて酒の好きな人である。

昭和六一年（一九八六）に（財）日本醸造協会から世界的にもユニークな『麹学』（村上英也編著）が刊行された。それを祝した坂口謹一郎の歌がある。

日本醸造協会の『麹学』（村上英也編著）の出版を祝いて
麹は日本国醸造の根本、天与の至宝なり。今ここに麹を究めて『麹学』成る。
讃ふべし。慶すべし。昭和六一年（一九八六）
ひのもとのみたみはぐくみひのもとのくににさかえしくさびらのみち

（坂口謹一郎『愛酒楽酔』）

以前、ＮＨＫの三回にわたる微生物のテレビ番組で、司会をしたことがあった（一九七七年）。そのときのチーフ・ディレクターの方は須之部淑男氏だった。その後、しばらくしてから、「古典にみる酒のはなし」(『日本醸造協会誌』第九〇巻、九二三―九三四頁、一九九五年)を出した。須之部淑男氏はこれをご覧になられ、麹菌について法政大学出版局にご推薦をいただき、そして、二〇〇〇年に法政大学出版局から執筆のご依頼をいただいた。すっかり遅くなってしまった。

昨今私は「麹菌は日本の国の代表的な微生物である」と、「国菌麹菌論」を『学士会会報』(第八三六号、一三五―一四〇頁、二〇〇二年)その他にも「国菌・麹菌考」を紹介してきた。

このたび、日本の醸造を一世紀にわたって指導してきた日本醸造協会が百周年を迎える記念行事の一環として、基礎的な分野を担当する日本醸造学会で、私は基調講演「麹菌は国菌である」をした。同学会では、麹菌・ゲノムの完全解読の機会に、「国菌・麹菌」を認定することになった。二〇〇六年は麹菌にとって誠に記念すべき年となった。

法政大学出版局の松永辰郎氏には大変にお世話になった。感謝いたします。

二〇〇六年「国菌・麹菌」認定の秋

一島英治

追記　二〇一二年、本小著の重版に際し、法政大学出版局の奥田のぞみ氏には大変にお世話になった。感謝いたします。

ま

み

む

め

も

ひ

ふ

へ

ほ

そ

た

ち

つ

て

す

せ

さ

し

う

え

お

索　引

著者略歴

一島英治（いちしま　えいじ）

1934年生まれ．1957年東京農工大学農学部農芸化学科卒業．1967年農学博士（東京大学）．日本生化学会奨励賞受賞（1972年），日本農芸化学会功績賞受賞（1997年），日本醸造学会功績賞受賞（2008年）．現在―東北大学名誉教授，東京農工大学名誉教授．専攻―酵素化学．主著―『酵素の化学』（朝倉書店），『酵素』（東海大学出版会），『発酵食品への招待 新版』（裳華房），“HANDBOOK of Proteolytic Enzymes”, Second Edition, Barrett, A.J. *et al*. eds., Vol. 1, pp.92–99, pp.141–143, pp.294–296, pp.784–786, ELSEVIER ACADEMIC PRESS（2004）

ものと人間の文化史　138・麹（こうじ）

2007年7月7日　初版第1刷発行
2012年6月25日　第2刷発行

著　者　©一　島　英　治
発行所　財団法人法政大学出版局

〒102–0073 東京都千代田区九段北 3–2–7
電話 03(5214)5540　振替 00160–6–95814
組版：こおろ社　印刷：平文社　製本：ベル製本

Printed in Japan

ISBN978–4–588–21381–6

★第9回梓会出版文化賞受賞

ものと人間の文化史

人間が〈もの〉とのかかわりを通じて営々と築いてきた暮らしの足跡を具体的に辿りつつ文化・文明の基礎を問いなおす。手づくりの〈もの〉の記憶が失われ、〈もの〉離れが進行する危機の時代におくる豊穣な百科叢書。

1 船　須藤利一編

海国日本では古来、漁業・水運・交易はもとより、大陸文化も船によって運ばれた。本書は造船技術、航海の模様の推移を中心に、漂流、船霊信仰、伝説の数々を語る。四六判３６８頁 '68

2 狩猟　直良信夫

人類の歴史は狩猟から始まった。本書は、わが国の遺跡に出土する獣骨、猟具の実証的考察をおこないながら、狩猟をつうじて発展した人間の知恵と生活の軌跡を辿る。四六判２７２頁 '68

3 からくり　立川昭二

〈からくり〉は自動機械であり、驚嘆すべき庶民の技術的創意がこめられている。本書は、日本と西洋のからくりを発掘・復元・遍歴し、埋もれた技術の水脈をさぐる。四六判４１０頁 '69

4 化粧　久下司

美を求める人間の心が生みだした化粧—その手法と道具に語らせた人間の欲望と本性、そして社会関係。歴史を遡り、全国を踏査して書かれた比類ない美と醜の文化史。四六判３６８頁 '70

5 番匠　大河直躬

番匠はわが国中世の建築工匠。地方・在地を舞台に開花した彼らの造型・装飾・工法等の諸技術、さらに信仰と生活等、職人以前の独自で多彩な工匠的世界を描き出す。四六判２８８頁 '71

6 結び　額田巌

〈結び〉の発達は人間の叡知の結晶である。本書はその諸形態および技法を作業・装飾・象徴の三つの系譜に辿り、〈結び〉のすべてを民俗学的・人類学的に考察する。四六判２６４頁 '72

7 塩　平島裕正

人類史に貴重な役割を果たしてきた塩をめぐって、発見から伝承・製造技術の発展過程にいたる総体を歴史的に描き出すとともに、その多彩な効用と味覚の秘密を解く。四六判２７２頁 '73

8 はきもの　潮田鉄雄

田下駄・かんじき・わらじなど、日本人の生活の礎となってきた伝統的はきものの成り立ちと変遷を、二〇年余の実地調査と細密な観察・描写によって辿る庶民生活史　四六判２８０頁 '73

9 城　井上宗和

古代城塞・城柵から近世代名の居城として集大成されるまでの日本の城の変遷を辿り、文化の各領野で果たしてきたその役割を再検討。あわせて世界城郭史に位置づける。四六判３１０頁 '73

10 竹　室井綽

食生活、建築、民芸、造園、信仰等々にわたって、竹と人間との交流史は驚くほど深く永い。その多岐にわたる発展の過程を個々に辿り、竹の特異な性格を浮彫にする。四六判３２４頁 '73

11 海藻　宮下章

古来日本人にとって生活必需品とされてきた海藻をめぐって、その採取・加工法の変遷、商品としての流通史および神事・祭事での役割に至るまでを歴史的に考証する。四六判３３０頁 '74

12 絵馬　岩井宏實
古くは祭礼における神への献馬にはじまり、民間信仰と絵画のみごとな結晶として民衆の手で描かれ祀り伝えられてきた各地の絵馬を豊富な写真と史料によってたどる。四六判３０２頁　'74

13 機械　吉田光邦
畜力・水力・風力などの自然のエネルギーを利用し、幾多の改良を経て形成された初期の機械の歩みを検証し、日本文化の形成における科学・技術の役割を再検討する。四六判２４２頁　'74

14 狩猟伝承　千葉徳爾
狩猟には古来、感謝と慰霊の祭祀がともない、人獣交渉の豊かで意味深い歴史があった。狩猟用具、巻物、儀式具、またけものたちの生態を通して語る狩猟文化の世界。四六判３４６頁　'75

15 石垣　田淵実夫
採石から運搬、加工、石積みに至るまで、石垣の造成をめぐって積み重ねられてきた石工たちの苦闘の足跡を掘り起こし、その独自な技術の形成過程と伝承を集成する。四六判２２４頁　'75

16 松　高嶋雄三郎
日本人の精神史に深く根をおろした松の伝承に光を当て、食用、薬用等の実用の松、祭祀・観賞用の松、さらに文学・芸能・美術に表現された松のシンボリズムを説く。四六判３４２頁　'75

17 釣針　直良信夫
人と魚との出会いから現在に至るまで、釣針がたどった一万有余年の変遷を、世界各地の遺跡出土物を通して実証しつつ、漁撈によって生きた人々の生活と文化を探る。四六判２７８頁　'76

18 鋸　吉川金次
鋸鍛冶の家に生まれ、鋸の研究を生涯の課題とする著者が、出土遺品や文献・絵画により各時代の鋸を復元・実験し、庶民の手仕事にみられる驚くべき合理性を実証する。四六判３６０頁　'76

19 農具　飯沼二郎／堀尾尚志
鍬と犂の交代・進化の歩みとして発達したわが国農耕文化の発展経過を世界史的視野において再検討しつつ、無名の農民たちによる驚くべき創意のかずかずを記録する。四六判２２０頁　'76

20 包み　額田巖
結びとともに文化の起源にかかわる〈包み〉の系譜を人類史的視野において捉え、衣・食・住をはじめ社会・経済史、信仰、祭事などにおけるその実際と役割とを描く。四六判３５４頁　'77

21 蓮　阪本祐二
仏教における蓮の象徴的位置の成立と深化、美術・文芸等に見る人間とのかかわりを歴史的に考察。また大賀蓮はじめ多様な品種とその来歴を紹介しつつその美を語る。四六判３０６頁　'77

22 ものさし　小泉袈裟勝
ものをつくる人間にとって最も基本的な道具であり、数千年にわたって社会生活を律してきたその変遷を実証的に追求し、歴史の中で果たしてきた役割を浮彫りにする。四六判３１４頁　'77

23-I 将棋 I　増川宏一
その起源を古代インドに、我国への伝播の道すじを海のシルクロードに探り、また伝来後一千年におよぶ日本将棋の変化と発展を盤、駒、ルール等にわたって跡づける。四六判２８０頁　'77

23-Ⅱ **将棋Ⅱ** 増川宏一

わが国伝来後の普及と変遷を貴族や武家・豪商の日記等に博捜し、遊戯者の歴史をあとづけると共に、中国伝来説の誤りを正し、将棋宗家の位置と役割を明らかにする。 **四六判３４６頁** '85

24 **湿原祭祀** 第2版 金井典美

古代日本の自然環境に着目し、各地の湿原聖地を稲作社会との関連において捉え直して古代国家成立の背景を浮彫にしつつ、水と植物にまつわる日本人の宇宙観を探る。 **四六判４１０頁** '77

25 **臼** 三輪茂雄

臼が人類の生活文化の中で果たしてきた役割を、各地に遺る貴重な民俗資料・伝承と実地調査にもとづいて解明。失われゆく道具のなかに、未来の生活文化の姿を探る。 **四六判４１２頁** '78

26 **河原巻物** 盛田嘉徳

中世末期以来の被差別部落民が生きる権利を守るために偽作し護り伝えてきた河原巻物を全国にわたって踏査し、そこに秘められた最底辺の人びとの叫びに耳を傾ける。 **四六判２２６頁** '78

27 **香料** 日本のにおい 山田憲太郎

焼香供養の香から趣味としての薫物へ、さらに沈香木を焚く香道へと変遷した日本の「匂い」の歴史を豊富な史料に基づいて辿り、我国風俗史の知られざる側面を描く。 **四六判３７０頁** '78

28 **神像** 神々の心と形 景山春樹

神仏習合によって変貌しつつも、常にその原型＝自然を保持してきた日本の神々の造型を図像学的方法によって捉え直し、その多彩な形象に日本人の精神構造をさぐる。 **四六判３４２頁** '78

29 **盤上遊戯** 増川宏一

祭具・占具としての発生を『死者の書』をはじめとする古代の文献にさぐり、形状・遊戯法を分類しつつその〈進化〉の過程を考察。〈遊戯者たちの歴史〉をも跡づける。 **四六判３２６頁** '78

30 **筆** 田淵実夫

筆の里・熊野に筆づくりの現場を訪ねて、筆匠たちの境涯と製筆の由来を克明に記録しつつ、筆の発生と変遷、種類、製筆法、さらには筆塚、筆供養にまで説きおよぶ。 **四六判２０４頁** '78

31 **ろくろ** 橋本鉄男

日本の山野を漂移しつづけ、高度の技術文化と幾多の伝説とをもたらした特異な旅職集団＝木地屋の生態を、その呼称、地名、伝承、文書等をもとに生き生きと描く。 **四六判４６０頁** '79

32 **蛇** 吉野裕子

日本古代信仰の根幹をなす蛇巫をめぐって、祭事におけるさまざまな蛇の「もどき」や各種の蛇の造型・伝承に鋭い考証を加え、忘れられたその呪性を大胆に暴き出す。 **四六判２５０頁** '79

33 **鋏**（はさみ） 岡本誠之

梃子の原理の発見から鋏の誕生に至る過程を推理し、日本鋏の特異な歴史的位置を明らかにするとともに、刀鍛冶等から転進した鋏職人たちの創意と苦闘の跡をたどる。 **四六判３９６頁** '79

34 **猿** 廣瀬鎮

嫌悪と愛玩、軽蔑と畏敬の交錯する日本人とサルとの関わりあいの歴史を、狩猟伝承や祭祀・風習、美術・工芸や芸能のなかに探り、日本人の動物観を浮彫りにする。 **四六判２９２頁** '79

35 **鮫** 矢野憲一

神話の時代から今日まで、津々浦々につたわるサメの伝承とサメをめぐる海の民俗を集成し、神饌、食用、薬用等に活用されてきたサメと人間のかかわりの変遷を描く。 四六判292頁 '79

36 **枡** 小泉袈裟勝

米の経済の枢要をなす器として千年余にわたり日本人の生活の中に生きてきた枡の変遷をたどり、記録・伝承をもとにこの独特な計量器が果たした役割を再検討する。 四六判322頁 '80

37 **経木** 田中信清

食品の包装材料として近年まで身近に存在した経木の起源を、こけら経や塔婆、木簡、屋根板等に遡って明らかにし、その製造・流通に携った人々の労苦の足跡を辿る。 四六判288頁 '80

38 **色** 染と色彩 前田雨城

わが国古代の染色技術の復元と文献解読をもとに日本色彩史を体系づけ、赤・白・青・黒等におけるわが国独自の色彩感覚を探りつつ日本文化における色の構造を解明。 四六判320頁 '80

39 **狐** 陰陽五行と稲荷信仰 吉野裕子

その伝承と文献を渉猟しつつ、中国古代哲学＝陰陽五行の原理の応用という独自の視点から、謎とされてきた稲荷信仰と狐との密接な結びつきを明快に解き明かす。 四六判232頁 '80

40-I **賭博I** 増川宏一

時代、地域、階層を超えて連綿と行なわれてきた賭博。――その起源を古代の神判、スポーツ、遊戯等の中に探り、抑圧と許容の歴史を物語る。全III分冊の〈総説篇〉。 四六判298頁 '80

40-II **賭博II** 増川宏一

古代インド文学の世界からラスベガスまで、賭博の形態・用具・方法の時代的特質を明らかにし、夥しい禁令に賭博の不滅のエネルギーを見る。全III分冊の〈外国篇〉。 四六判456頁 '82

40-III **賭博III** 増川宏一

聞香、闘茶、笠附等、わが国独特の賭博を中心にその具体例を網羅し、方法の変遷に賭博の時代性を探りつつ禁令の改廃に時代の賭博観を追う。全III分冊の〈日本篇〉。 四六判388頁 '83

41-I **地方仏I** むしゃこうじ・みのる

古代から中世にかけて全国各地で作られた無銘の仏像を訪ね、素朴で多様なノミの跡に民衆の祈りと地域の願望を探る。宗教の伝播、文化の創造を考える異色の紀行。 四六判256頁 '80

41-II **地方仏II** むしゃこうじ・みのる

紀州や飛騨を中心に草の根の仏たちを訪ねて、その相好と像容の魅力を探り、技法を比較考証して仏像彫刻史に位置づけつつ、中世地域社会の形成と信仰の実態に迫る。 四六判260頁 '97

42 **南部絵暦** 岡田芳朗

田山・盛岡地方で「盲暦」として古くから親しまれてきた独得の絵解き暦を詳しく紹介しつつその全体像を復元する。その無類の生活暦は、南部農民の哀歓をつたえる。 四六判288頁 '80

43 **野菜** 在来品種の系譜 青葉高

蕪、大根、茄子等の日本在来野菜をめぐって、その渡来・伝播経路、品種分布と栽培のいきさつを各地の伝承や古記録をもとに辿り、畑作文化の源流とその風土を描く。 四六判368頁 '81

44 つぶて　中沢厚

弥生投弾、古代・中世の石戦と印地の様相、投石具の発達を展望しつつ、願かけの小石、正月つぶて、石こづみ等の習俗を辿り、石塊に託した民衆の願いや怒りを探る。　四六判３３８頁　'81

45 壁　山田幸一

弥生時代から明治期に至るわが国の壁の変遷を壁塗＝左官工事の側面から辿り直し、その技術的復元・考証を通じて建築史・文化史における壁の役割を浮き彫りにする。　四六判２９６頁　'81

46 簞笥（たんす）　小泉和子

近世における簞笥の出現＝箱から抽斗への転換に着目し、以降近現代に至るその変遷を社会・経済・技術の側面からあとづける。著者自身による簞笥製作の記録を付す。　四六判３７８頁　'82

47 木の実　松山利夫

山村の重要な食糧資源であった木の実をめぐる各地の記録・伝承を集成し、その採集・加工における幾多の試みを実地に検証しつつ、稲作農耕以前の食生活文化を復元。　四六判３８４頁　'82

48 秤（はかり）　小泉袈裟勝

秤の起源を東西に探るとともに、わが国律令制下における中国制度の導入、近世商品経済の発展に伴う秤座の出現、明治期近代化政策による洋式秤受容等の経緯を描く。　四六判３２６頁　'82

49 鶏（にわとり）　山口健児

神話・伝説をはじめ遠い歴史の中の鶏を古今東西の伝承・文献に探り、特に我国の信仰・絵画・文学等に遺された鶏の足跡を追って、鶏をめぐる民俗の記憶を蘇らせる。　四六判３４６頁　'83

50 燈用植物　深津正

人類が燈火を得るために用いてきた多種多様な植物との出会いと個々の植物の来歴、特性及びはたらきを詳しく検証しつつ「あかり」の原点を問いなおす異色の植物誌。　四六判４４２頁　'83

51 斧・鑿・鉋（おの・のみ・かんな）　吉川金次

古墳出土品や文献・絵画をもとに、古代から現代までの斧・鑿・鉋を復元・実験し、労働体験によって生まれた民衆の知恵と道具の変遷を蘇らせる異色の日本木工具史。　四六判３０４頁　'84

52 垣根　額田巌

大和・山辺の道に神々と垣との関わりを探り、各地に垣の伝承を訪ねて、寺院の垣、民家の垣、露地の垣など、風土と生活に培われた生垣の独特のはたらきと美を描く。　四六判２３４頁　'84

53-Ⅰ 森林Ⅰ　四手井綱英

森林生態学の立場から、森林のなりたちとその生活史を辿りつつ、産業の発展と消費社会の拡大により刻々と変貌する森林の現状を語り、未来への再生のみちをさぐる。　四六判３０６頁　'85

53-Ⅱ 森林Ⅱ　四手井綱英

森林と人間との多様なかかわりを包括的に語り、人と自然が共生するための森や里山をいかにして創出するか、森林再生への具体的な方策を提示する21世紀への提言。　四六判３０８頁　'98

53-Ⅲ 森林Ⅲ　四手井綱英

地球規模で進行しつつある森林破壊の現状を実地に踏査し、森と人が共存する日本人の伝統的自然観を未来へ伝えるために、いま何が必要なのかを具体的に提言する。　四六判３０４頁　'00

54 **海老**（えび） 酒向昇

人類との出会いからエビの科学、漁法、さらには調理法を語り、めでたい姿態と色彩にまつわる多彩なエビの民俗を、地名や人名、詩歌・文学、絵画や芸能の中に探る。四六判４２８頁 ’85

55-I **藁**（わら）I 宮崎清

稲作農耕とともに二千年余の歴史をもち、日本人の全生活領域に生きてきた藁の文化を日本文化の原型として捉え、風土に根ざしたそのゆたかな遺産を詳細に検討する。四六判４００頁 ’85

55-II **藁**（わら）II 宮崎清

床・畳から壁・屋根にいたる住居における藁の製作・使用のメカニズムを明らかにし、日本人の生活空間における藁の役割を見なおすとともに、藁の文化の復権を説く。四六判４００頁 ’85

56 **鮎** 松井魁

清楚な姿態と独特な味覚によって、日本人の目と舌を魅了しつづけてきたアユ——その形態と分布、生態、漁法等を詳述し、古今のアユ料理や文芸にみるアユにおよぶ。四六判２９６頁 ’86

57 **ひも** 額田巌

物と物、人と物とを結びつける不思議な力を秘めた「ひも」の謎を追って、民俗学的視点から多角的なアプローチを試みる。『結び』、『包み』につづく三部作の完結篇。四六判２５０頁 ’86

58 **石垣普請** 北垣聰一郎

近世石垣の技術者集団「穴太」の足跡を辿り、各地城郭の石垣遺構の実地調査と資料・文献をもとに石垣普請の歴史的系譜を復元しつつ石工たちの技術伝承を集成する。四六判４３８頁 ’87

59 **碁** 増川宏一

その起源を古代の盤上遊戯に探ると共に、定着以来二千年の歴史を時代の状況や遊び手の社会環境との関わりにおいて跡づける。逸話や伝説を排して綴る初の囲碁全史。四六判３６６頁 ’87

60 **日和山**（ひよりやま） 南波松太郎

千石船の時代、航海の安全のために観天望気した日和山——多くは忘れられ、あるいは失われた船舶・航海史の貴重な遺跡を追って、全国津々浦々におよんだ調査紀行。四六判３８２頁 ’88

61 **篩**（ふるい） 三輪茂雄

臼とともに人類の生産活動に不可欠な道具であった篩、箕（み）、笊（ざる）の多彩な変遷を豊富な図解入りでたどり、現代技術の先端に再生するまでの歩みをえがく。四六判３３４頁 ’89

62 **鮑**（あわび） 矢野憲一

縄文時代以来、貝肉の美味と貝殻の美しさによって日本人を魅了し続けてきたアワビ——その生態と養殖、神饌としての歴史、漁法、螺鈿の技法からアワビ料理に及ぶ。四六判３４４頁 ’89

63 **絵師** むしゃこうじ・みのる

日本古代の渡来画工から江戸前期の菱川師宣まで、時代の代表的絵師の列伝で辿る絵画制作の文化史。前近代社会における絵画の意味や芸術創造の社会的条件を考える。四六判２３０頁 ’90

64 **蛙**（かえる） 碓井益雄

動物学の立場からその特異な生態を描き出すとともに、和漢洋の文献資料を駆使して故事・習俗・神事・民話・文芸・美術工芸にわたる蛙の多彩な活躍ぶりを活写する。四六判３８２頁 ’89

65-Ⅰ **藍**（あい）Ⅰ　風土が生んだ色　竹内淳子

全国各地の〈藍の里〉を訪ねて、藍栽培から染色・加工のすべてにわたり、藍とともに生きた人々の伝承を克明に描き、風土と人間が生んだ〈日本の色〉の秘密を探る。四六判４１６頁　'91

65-Ⅱ **藍**（あい）Ⅱ　暮らしが育てた色　竹内淳子

日本の風土に生まれ、伝統に育てられた藍が、今なお暮らしの中で生き生きと活躍しているさまを、手わざに生きる人々との出会いを通じて描く。藍の里紀行の続篇。四六判４０６頁　'99

66 **橋**　小山田了三

丸木橋・舟橋・吊橋から板橋・アーチ型石橋まで、人々に親しまれてきた各地の橋を訪ねて、その来歴と築橋の技術伝承を辿り、土木文化の伝播・交流の足跡をえがく。四六判３１２頁　'91

67 **箱**　宮内悊

日本の伝統的な箱（櫃）と西欧のチェストを比較文化史の視点から考察し、居住・収納・運搬・装飾の各分野における箱の重要な役割とその多彩な文化を浮彫りにする。四六判３９０頁　'91

68-Ⅰ **絹Ⅰ**　伊藤智夫

養蚕の起源を神話や説話に探り、伝来の時期とルートを跡づけ、記紀・万葉の時代から近世に至るまで、それぞれの時代・社会・階層が生み出した絹の文化を描き出す。四六判３０４頁　'92

68-Ⅱ **絹Ⅱ**　伊藤智夫

生糸と絹織物の生産と輸出が、わが国の近代化にはたした役割を描くと共に、養蚕の道具、信仰や庶民生活にわたる養蚕と絹の民俗、さらには蚕の種類と生態におよぶ。四六判２９４頁　'92

69 **鯛**（たい）　鈴木克美

古来「魚の王」とされてきた鯛をめぐって、その生態・味覚から漁法、祭り、工芸、文芸にわたる多彩な伝承文化を語りつつ、鯛と日本人とのかかわりの原点をさぐる。四六判４１８頁　'92

70 **さいころ**　増川宏一

古代神話の世界から近現代の博徒の動向まで、さいころの役割を各時代・社会に位置づけ、木の実や貝殻のさいころから投げ棒型や立方体のさいころへの変遷をたどる。四六判３７４頁　'92

71 **木炭**　樋口清之

炭の起源から炭焼、流通、経済、文化にわたる木炭の歩みを歴史・考古・民俗の知見を総合して描き出し、独自で多彩な文化を育んできた木炭の尽きせぬ魅力を語る。四六判２９６頁　'93

72 **鍋・釜**（なべ・かま）　朝岡康二

日本をはじめ韓国、中国、インドネシアなど東アジアの各地を歩きながら鍋・釜の製作と使用の現場に立ち会い、調理をめぐる庶民生活の変遷とその交流の足跡を探る。四六判３２６頁　'93

73 **海女**（あま）　田辺悟

その漁の実際と社会組織、風習、信仰、民具などを克明に描くとともに海女の起源・分布・交流を探り、わが国漁撈文化の古層としての海女の生活と文化をあとづける。四六判２９４頁　'93

74 **蛸**（たこ）　刀禰勇太郎

蛸をめぐる信仰や多彩な民間伝承を紹介するとともに、その生態・分布・捕獲法・繁殖と保護・調理法などを集成し、日本人と蛸との知られざるかかわりの歴史を探る。四六判３７０頁　'94

75 **曲物**（まげもの） 岩井宏實

桶・樽出現以前から伝承され、古来最も簡便・重宝な木製容器として愛用された曲物の加工技術と機能・利用形態の変遷をさぐり、手づくりの「木の文化」を見なおす。四六判３１８頁 '94

76-I **和船 I** 石井謙治

江戸時代の海運を担った千石船（弁才船）について、その構造と技術、帆走性能を綿密に調査し、通説の誤りを正すとともに、海難と信仰、船絵馬等の考察にもおよぶ。四六判４３６頁 '95

76-II **和船 II** 石井謙治

造船史から見た著名な船を紹介し、遣唐使船や遣欧使節船、幕末の洋式船における外国技術の導入について論じつつ、船の名称と船型を海船・川船にわたって解説する。四六判３１６頁 '95

77-I **反射炉 I** 金子功

日本初の佐賀鍋島藩の反射炉と精錬方＝理化学研究所、島津藩の反射炉と集成館＝近代工場群を軸に、日本の産業革命の時代における人と技術を現地に訪ねて発掘する。四六判２４４頁 '95

77-II **反射炉 II** 金子功

伊豆韮山の反射炉をはじめ、全国各地の反射炉建設にかかわった有名無名の人々の足跡をたどり、開国か攘夷かに揺れる幕末の政治と社会の悲喜劇をも生き生きと描く。四六判２２６頁 '95

78-I **草木布**（そうもくふ）**I** 竹内淳子

風土に育まれた布を求めて全国各地を歩き、木綿普及以前に山野の草木を利用して豊かな衣生活文化を築き上げてきた庶民の知られざる知恵のかずかずを実地にさぐる。四六判２８２頁 '95

78-II **草木布**（そうもくふ）**II** 竹内淳子

アサ、クズ、シナ、コウゾ、カラムシ、フジなどの草木の繊維から、どのようにして糸を採り、布を織っていたのか――聞書きをもとに忘れられた技術と文化を発掘する。四六判２８２頁 '95

79-I **すごろく I** 増川宏一

古代エジプトのセネト、ヨーロッパのバクギャモン、中近東のナルド、中国の双陸などの系譜に日本の盤雙六を位置づけ、遊戯・賭博としてのその数奇なる運命を辿る。四六判３１２頁 '95

79-II **すごろく II** 増川宏一

ヨーロッパの鵞鳥のゲームから日本中世の浄土双六、近世の華麗な絵双六、さらには近現代の少年誌の附録まで、絵双六の変遷を追って時代の社会・文化を読みとる。四六判３９０頁 '95

80 **パン** 安達巖

古代オリエントに起ったパン食文化が中国・朝鮮を経て弥生時代の日本に伝えられたことを史料と伝承をもとに解明し、わが国パン食文化二〇〇〇年の足跡を描き出す。四六判２６０頁 '96

81 **枕**（まくら） 矢野憲一

神さまの枕・大嘗祭の枕から枕絵の世界まで、人生の三分の一を共に過す枕をめぐって、その材質の変遷を辿り、伝説と怪談、俗信と民俗、エピソードを興味深く語る。四六判２５２頁 '96

82-I **桶・樽**（おけ・たる）**I** 石村真一

日本、中国、朝鮮、ヨーロッパにわたる厖大な資料を集成してその豊かな文化の系譜を探り、東西の木工技術史を比較しつつ世界史的視野から桶・樽の文化を描き出す。四六判３８８頁 '97

82-Ⅱ 桶・樽（おけ・たる）Ⅱ 石村真一

多数の調査資料と絵画・民俗資料をもとにその製作技術を復元し、東西の木工技術を比較考証しつつ、技術文化史の視点から桶・樽製作の実態とその変遷を跡づける。 四六判372頁 '97

82-Ⅲ 桶・樽（おけ・たる）Ⅲ 石村真一

樹木と人間とのかかわり、製作者と消費者とのかかわりを通じて桶樽と生活文化の変遷を考察し、木材資源の有効利用という視点から桶樽の文化史的役割を浮彫にする。 四六判352頁 '97

83-Ⅰ 貝Ⅰ 白井祥平

世界各地の現地調査と文献資料を駆使して、古来至高の財宝とされてきた宝貝のルーツとその変遷を探り、貝と人間とのかかわりの歴史を「貝貨」の文化史として描く。 四六判386頁 '97

83-Ⅱ 貝Ⅱ 白井祥平

サザエ、アワビ、イモガイなど古来人類とかかわりの深い貝をめぐって、その生態・分布・地方名、装身具や貝貨としての利用法などを豊富なエピソードを交えて語る。 四六判328頁 '97

83-Ⅲ 貝Ⅲ 白井祥平

シンジュガイ、ハマグリ、アカガイ、シャコガイなどをめぐって世界各地の民族誌を渉猟し、それらが人類文化に残した足跡を辿る。参考文献一覧／総索引を付す。 四六判392頁 '97

84 松茸（まつたけ） 有岡利幸

秋の味覚として古来珍重されてきた松茸の由来を求めて、稲作文化と里山（松林）の生態系から説きおこし、日本人の伝統的生活文化の中に松茸流行の秘密をさぐる。 四六判296頁 '97

85 野鍛冶（のかじ） 朝岡康二

鉄製農具の製作・修理・再生を担ってきた農鍛冶の歴史的役割を探り、近代化の大波の中で変貌する職人技術の実態をアジア各地のフィールドワークを通して描き出す。 四六判280頁 '98

86 稲 品種改良の系譜 菅 洋

作物としての稲の誕生、稲の渡来と伝播の経緯から説きおこし、明治以降主として庄内地方の民間育種家の手によって飛躍的発展をとげたわが国品種改良の歩みを描く。 四六判332頁 '98

87 橘（たちばな） 吉武利文

永遠のかぐわしい果実として日本の神話・伝説に特別の位置を占めて語り継がれてきた橘をめぐって、その育まれた風土とかずかずの伝承の中に日本文化の特質を探る。 四六判286頁 '98

88 杖（つえ） 矢野憲一

神の依代としての杖や仏教の錫杖に杖と信仰とのかかわりを探り、人類が突きつつ歩んだその歴史と民俗を興味ぶかく語る。多彩な材質と用途を網羅した杖の博物誌。 四六判314頁 '98

89 もち（糯・餅） 渡部忠世／深澤小百合

モチイネの栽培・育種から食品加工、民俗、儀礼にわたってそのルーツと伝承の足跡をたどり、アジア稲作文化という広範な視野からこの特異な食文化の謎を解明する。 四六判330頁 '98

90 さつまいも 坂井健吉

その栽培の起源と伝播経路を跡づけるとともに、わが国伝来後四百年の経緯を詳細にたどり、世界に冠たる育種と栽培・利用法を築いた人々の知られざる足跡をえがく。 四六判328頁 '99

91 珊瑚（さんご）　鈴木克美

海岸の自然保護に重要な役割を果たす岩石サンゴから宝飾品として知られる宝石サンゴまで、人間生活と深くかかわってきたサンゴの多彩な姿を人類文化史として描く。四六判370頁　'99

92-Ⅰ 梅Ⅰ　有岡利幸

万葉集、源氏物語、五山文学などの古典や天神信仰に表れた梅の足跡を克明に辿りつつ日本人の精神史に刻印された梅を浮彫にし、梅と日本人の二〇〇〇年史を描く。四六判274頁　'99

92-Ⅱ 梅Ⅱ　有岡利幸

その植生と栽培、伝承、梅の名所や鑑賞法の変遷から戦前の国定教科書に表れた梅まで、梅と日本人との多彩なかかわりを探り、桜との対比において梅の文化史を描く。四六判338頁　'99

93 木綿口伝（もめんくでん）第2版　福井貞子

老女たちからの聞書を経糸とし、厖大な遺品・資料を緯糸として、母から娘へと幾代にも伝えられた手づくりの木綿文化を掘り起し、近代の木綿の盛衰を描く。増補版　四六判336頁　'00

94 合せもの　増川宏一

「合せる」には古来、一致させるの他に、競う、闘う、比べる等の意味があった。貝合せや絵合せ等の遊戯・賭博を中心に、広範な人間の営みを「合せる」行為に辿る。四六判300頁　'00

95 野良着（のらぎ）　福井貞子

明治初期から昭和四〇年までの野良着を収集・分類・整理し、それらの用途と年代、形態、材質、重量、呼称などを精査して、働く庶民の創意にみちた生活史を描く。四六判292頁　'00

96 食具（しょくぐ）　山内昶

東西の食文化に関する資料を渉猟し、食法の違いを人間の自然に対するかかわり方の違いとして捉えつつ、食具を人間と自然をつなぐ基本的な媒介物として位置づける。四六判292頁　'00

97 鰹節（かつおぶし）　宮下章

黒潮からの贈り物・カツオの漁法から鰹節の製法や食法、商品としての流通までを歴史的に展望するとともに、沖縄やモルジブ諸島の調査をもとにそのルーツを探る。四六判382頁　'00

98 丸木舟（まるきぶね）　出口晶子

先史時代から現代の高度文明社会まで、もっとも長期にわたり使われてきた刳り舟に焦点を当て、その技術伝承を辿りつつ、森や水辺の文化の広がりと動態をえがく。四六判324頁　'01

99 梅干（うめぼし）　有岡利幸

日本人の食生活に不可欠の自然食品・梅干をつくりだした先人たちの知恵に学ぶとともに、健康増進に驚くべき薬効を発揮する、その知られざるパワーの秘密を探る。四六判300頁　'01

100 瓦（かわら）　森郁夫

仏教文化と共に中国・朝鮮から伝来し、一四〇〇年にわたり日本の建築を飾ってきた瓦をめぐって、発掘資料をもとにその製造技術、形態、文様などの変遷をたどる。四六判320頁　'01

101 植物民俗　長澤武

衣食住から子供の遊びまで、幾世代にも伝承された植物をめぐる暮らしの知恵を克明に記録し、高度経済成長期以前の農山村の豊かな生活文化を愛惜をこめて描き出す。四六判348頁　'01

102 箸（はし） 向井由紀子／橋本慶子

そのルーツを中国、朝鮮半島に探るとともに、日本人の食生活に不可欠の食具となり、日本文化のシンボルとされるまでに洗練された箸の文化の変遷を総合的に描く。 四六判３３４頁 ’01

103 採集 ブナ林の恵み 赤羽正春

縄文時代から今日に至る採集・狩猟民の暮らしを復元し、動物の生態系と採集生活の関連を明らかにしつつ、民俗学と考古学の両面から山に生かされた人々の姿を描く。 四六判２９８頁 ’01

104 下駄 神のはきもの 秋田裕毅

古墳や井戸等から出土する下駄に着目し、下駄が地上と地下の他界を結ぶ聖なるはきものであったという大胆な仮説を提出、日本の神々の忘れられた側面を浮彫にする。 四六判３０４頁 ’02

105 絣（かすり） 福井貞子

膨大な絣遺品を収集・分類し、絣産地を実地に調査して絣の技法と文様の変遷を地域別・時代別に跡づけ、明治・大正・昭和の手づくりの染織文化の盛衰を描き出す。 四六判３１０頁 ’02

106 網（あみ） 田辺悟

漁網を中心に、網に関する基本資料を網羅して網の変遷と網をめぐる民俗を体系的に描き出し、網の文化を集成する。「網に関する小事典」「網のある博物館」を付す。 四六判３１６頁 ’02

107 蜘蛛（くも） 斎藤慎一郎

「土蜘蛛」の呼称で畏怖される一方「クモ合戦」など子供の遊びとしても親しまれてきたクモと人間との長い交渉の歴史をその深層に遡って追究した異色のクモ文化論。 四六判３２０頁 ’02

108 襖（ふすま） むしゃこうじ・みのる

襖の起源と変遷を建築史・絵画史の中に探りつつその用と美を浮彫にし、衝立・障子・屏風等と共に日本建築の空間構成に不可欠の建具となるまでの経緯を描き出す。 四六判２７０頁 ’02

109 漁撈伝承（ぎょろうでんしょう） 川島秀一

漁師たちからの聞き書きをもとに、寄り物、船霊、大漁旗など、漁撈にまつわる〈もの〉の伝承を集成し、海の道によって運ばれた習俗や信仰の民俗地図を描き出す。 四六判３３４頁 ’03

110 チェス 増川宏一

世界中に数億人の愛好者を持つチェスの起源と文化を、欧米における膨大な研究の蓄積を渉猟しつつ探り、日本への伝来の経緯から美術工芸品としてのチェスにおよぶ。 四六判２９８頁 ’03

111 海苔（のり） 宮下章

海苔の歴史は厳しい自然とのたたかいの歴史だった——採取から養殖、加工、流通、消費に至る先人たちの苦難の歩みを史料と実地調査によって浮彫にする食物文化史。 四六判１７２頁 ’03

112 屋根 檜皮葺と柿葺 原田多加司

屋根葺師一〇代の著者が、自らの体験と職人の本懐を語り、連綿として受け継がれてきた伝統の手わざを体系的にたどりつつ伝統技術の保存と継承の必要性を訴える。 四六判３４０頁 ’03

113 水族館 鈴木克美

初期水族館の歩みを創始者たちの足跡を通して辿りなおし、水族館をめぐる社会の発展と風俗の変遷を描き出すとともにその未来像をさぐる初の〈日本水族館史〉の試み。 四六判２９０頁 ’03

114 古着（ふるぎ） 朝岡康二

仕立てと着方、管理と保存、再生と再利用等にわたり衣生活の変容を近代の日常生活の変化として捉え直し、衣服をめぐるリサイクル文化が形成される経緯を描き出す。四六判２９２頁 '03

115 柿渋（かきしぶ） 今井敬潤

染料・塗料をはじめ生活百般の必需品であった柿渋の伝承を記録し、文献資料をもとにその製造技術と利用の実態を明らかにして、忘れられた豊かな生活技術を見直す。四六判２９４頁 '03

116-Ⅰ 道Ⅰ 武部健一

道の歴史を先史時代から説き起こし、古代律令制国家の要請によって駅路が設けられ、しだいに幹線道路として整えられてゆく経緯を技術史・社会史の両面からえがく。四六判２４８頁 '03

116-Ⅱ 道Ⅱ 武部健一

中世の鎌倉街道、近世の五街道、近代の開拓道路から現代の高速道路網までを通観し、道路を拓いた人々の手によって今日の交通ネットワークが形成された歴史を語る。四六判２８０頁 '03

117 かまど 狩野敏次

日常の煮炊きの道具であるとともに祭りと信仰に重要な位置を占めてきたカマドをめぐる忘れられた伝承を掘り起こし、民俗空間の壮大なコスモロジーを浮彫りにする。四六判２９２頁 '04

118-Ⅰ 里山Ⅰ 有岡利幸

縄文時代から近世までの里山の変遷を人々の暮らしと植生の変化の両面から跡づけ、その源流を記紀万葉に描かれた里山の景観や大和・三輪山の古記録・伝承等に探る。四六判２７６頁 '04

118-Ⅱ 里山Ⅱ 有岡利幸

明治の地租改正による山林の混乱、相次ぐ戦争による山野の荒廃、エネルギー革命、高度成長による大規模開発など、近代化の荒波に翻弄される里山の見直しを説く。四六判２７４頁 '04

119 有用植物 菅 洋

人間生活に不可欠のものとして利用されてきた身近な植物たちの来歴と栽培・育種・品種改良・伝播の経緯を平易に語り、植物と共に歩んだ文明の足跡を浮彫にする。四六判３２４頁 '04

120-Ⅰ 捕鯨Ⅰ 山下渉登

世界の海で展開された鯨と人間との格闘の歴史を振り返り、「大航海時代」の副産物として開始された捕鯨業の誕生以来四〇〇年にわたる盛衰の社会的背景をさぐる。四六判３１４頁 '04

120-Ⅱ 捕鯨Ⅱ 山下渉登

近代捕鯨の登場により鯨資源の激減を招き、捕鯨の規制・管理のための国際条約締結に至る経緯をたどり、グローバルな課題としての自然環境問題を浮き彫りにする。四六判３１２頁 '04

121 紅花（べにばな） 竹内淳子

栽培、加工、流通、利用の実際を現地に探訪して紅花とかかわってきた人々からの聞き書きを集成し、忘れられた〈紅花文化〉を復元しつつその豊かな味わいを見直す。四六判３４６頁 '04

122-Ⅰ もののけⅠ 山内昶

日本の妖怪変化、未開社会の〈マナ〉、西欧の悪魔やデーモンを比較考察し、名づけ得ぬ未知の対象を指す万能のゼロ記号〈もの〉をめぐる人類文化史を跡づける博物誌。四六判３２０頁 '04

122-Ⅱ **もののけⅡ** 山内昶
日本の鬼、古代ギリシアのダイモン、中世の異端狩り・魔女狩り等々をめぐり、自然＝カオスと文化＝コスモスの対立の中で〈野生の思考〉が果たしてきた役割をさぐる。 四六判２８０頁 '04

123 **染織**（そめおり） 福井貞子
自らの体験と厖大な残存資料をもとに、糸づくりから織り、染めにわたる手づくりの豊かな生活文化を見直す。創意にみちた手わざのかずかずを復元する庶民生活誌。 四六判２９４頁 '05

124-Ⅰ **動物民俗Ⅰ** 長澤武
神として崇められたクマやシカをはじめ、人間にとって不可欠の鳥獣や魚、さらには人間を脅かす動物など、多種多様な動物たちと交流してきた人々の暮らしの民俗誌。 四六判２６４頁 '05

124-Ⅱ **動物民俗Ⅱ** 長澤武
動物の捕獲法をめぐる各地の伝承を紹介するとともに、全国で語り継がれてきた多彩な動物民話・昔話を渉猟し、暮らしの中で培われた動物フォークロアの世界を描く。 四六判２６６頁 '05

125 **粉**（こな） 三輪茂雄
粉体の研究をライフワークとする著者が、粉食の発見からナノテクノロジーまで、人類文明の歩みを〈粉〉の視点から捉え直した壮大なスケールの〈文明の粉体史観〉 四六判３０２頁 '05

126 **亀**（かめ） 矢野憲一
浦島伝説や「兎と亀」の昔話によって親しまれてきた亀のイメージの起源を探り、古代の亀卜の方法から、亀にまつわる信仰と迷信、鼈甲細工やスッポン料理におよぶ。 四六判３３０頁 '05

127 **カツオ漁** 川島秀一
一本釣り、カツオ漁場、船上の生活、船霊信仰、祭りと禁忌など、カツオ漁にまつわる漁師たちの伝承を集成し、黒潮に沿って伝えられた漁民たちの文化を掘り起こす。 四六判３７０頁 '05

128 **裂織**（さきおり） 佐藤利夫
木綿の風合いと強靭さを生かした裂織の技と美をすぐれたリサイクル文化として見なおす。東西文化の中継地・佐渡の古老たちからの聞書をもとに歴史と民俗をえがく。 四六判３０８頁 '05

129 **イチョウ** 今野敏雄
「生きた化石」として珍重されてきたイチョウの生い立ちと人々の生活文化とのかかわりの歴史をたどり、この最古の樹木に秘められたパワーを最新の中国文献にさぐる。 四六判３１２頁〔品切〕 '05

130 **広告** 八巻俊雄
のれん、看板、引札からインターネット広告までを通観し、いつの時代にも広告が人々の暮らしと密接にかかわって独自の文化を形成してきた経緯を描く広告の文化史。 四六判２７６頁 '06

131-Ⅰ **漆**（うるし）**Ⅰ** 四柳嘉章
全国各地で発掘された考古資料を対象に科学的解析を行ない、縄文時代から現代に至る漆の技術と文化を跡づける試み。漆が日本人の生活と精神に与えた影響を探る。 四六判２７４頁 '06

131-Ⅱ **漆**（うるし）**Ⅱ** 四柳嘉章
遺跡や寺院等に遺る漆器を分析し体系づけるとともに、絵巻物や文学作品の考証を通じて、職人や産地の形成、漆工芸の地場産業としての発展の経緯などを考察する。 四六判２１６頁 '06

132 まな板　石村眞一

日本、アジア、ヨーロッパ各地のフィールド調査と考古・文献・絵画・写真資料をもとにまな板の素材・構造・使用法を分類し、多様な食文化とのかかわりをさぐる。　四六判３７２頁　'06

133-Ⅰ 鮭・鱒（さけ・ます）Ⅰ　赤羽正春

鮭・鱒をめぐる民俗研究の前史から現在までを概観するとともに、原初的な漁法から商業的漁法にわたる多彩な漁法と用具、漁場と社会組織の関係などを明らかにする。　四六判２９２頁　'06

133-Ⅱ 鮭・鱒（さけ・ます）Ⅱ　赤羽正春

鮭漁をめぐる行事、鮭捕り衆の生活等を聞き取りによって再現し、人工孵化事業の発展とそれを担った先人たちの業績を明らかにするとともに、鮭・鱒の料理におよぶ。　四六判３５２頁　'06

134 遊戯　その歴史と研究の歩み　増川宏一

古代から現代まで、日本と世界の遊戯の歴史を概説し、内外の研究者との交流の中で得られた最新の知見をもとに、研究の出発点と目的を論じ、現状と未来を展望する。　四六判２９６頁　'06

135 石干見（いしひみ）　田和正孝編

沿岸部に石垣を築き、潮汐作用を利用して漁獲する原初的漁法を日・韓・台に残る遺構と伝承の調査・分析をもとに復元し、東アジアの伝統的漁撈文化を浮彫りにする。　四六判３３２頁　'07

136 看板　岩井宏實

江戸時代から明治・大正・昭和初期までの看板の歴史を生活文化史の視点から考察し、多種多様な生業の起源と変遷を多数の図版をもとに紹介する〈図説商売往来〉。　四六判２６６頁　'07

137-Ⅰ 桜Ⅰ　有岡利幸

そのルーツと生態から説きおこし、和歌や物語に描かれた古代社会の桜観から「花は桜木、人は武士」の江戸の花見の流行まで、日本人と桜のかかわりの歴史をさぐる。　四六判３８２頁　'07

137-Ⅱ 桜Ⅱ　有岡利幸

明治以後、軍国主義と愛国心のシンボルとして政治的に利用されてきた桜の近代史を辿るとともに、日本人の生活と共に歩んだ「咲く花、散る花」の栄枯盛衰を描く。　四六判４００頁　'07

138 麴（こうじ）　一島英治

日本の気候風土の中で稲作と共に育まれた麴菌のすぐれたはたらきの秘密を探り、醸造化学に携わった人々の足跡をたどりつつ醱酵食品と日本人の食生活文化を考える。　四六判２４４頁　'07

139 河岸（かし）　川名登

近世初頭、河川水運の隆盛と共に物流のターミナルとして賑わい、船旅や遊廓などをもたらした河岸（川の港）の盛衰を河岸に生きる人々の暮らしの変遷としてえがく。　四六判３００頁　'07

140 神饌（しんせん）　岩井宏實／日和祐樹

土地に古くから伝わる食物を神に捧げる神饌儀礼に祭りの本義を探り、近畿地方主要神社の伝統的儀礼をつぶさに調査して、豊富な写真と共にその実際を明らかにする。　四六判３７４頁　'07

141 駕籠（かご）　櫻井芳昭

その様式、利用の実態、地域ごとの特色、車の利用を抑制する交通政策との関連から駕籠かきたちの風俗までを明らかにし、日本交通史の知られざる側面に光を当てる。　四六判２９４頁　'07

142 追込漁（おいこみりょう） 川島秀一

沖縄の島々をはじめ、日本各地で今なお行なわれている沿岸漁撈を実地に精査し、魚の生態と自然条件を知り尽した漁師たちの知恵と技を見直しつつ漁業の原点を探る。四六判３６８頁 '08

143 人魚（にんぎょ） 田辺悟

ロマンとファンタジーに彩られて世界各地に伝承される人魚の実像をもとめて東西の人魚誌を渉猟し、フィールド調査と膨大な資料をもとに集成したマーメイド百科。四六判３５２頁 '08

144 熊（くま） 赤羽正春

狩人たちからの聞き書きをもとに、かつては神として崇められた熊と人間との精神史的な関係をさぐり、熊を通して人間の生存可能性にもおよぶユニークな動物文化史。四六判３８４頁 '08

145 秋の七草 有岡利幸

『万葉集』で山上憶良がうたいあげて以来、千数百年にわたり秋を代表する植物として日本人にめでられてきた七種の草花の知られざる伝承を掘り起こす植物文化誌。四六判３０６頁 '08

146 春の七草 有岡利幸

厳しい冬の季節に芽吹く若菜に大地の生命力を感じ、春の到来を祝い新年の息災を願う「七草粥」などとして食生活の中に巧みに取り入れてきた古人たちの知恵を探る。四六判２７２頁 '08

147 木綿再生 福井貞子

自らの人生遍歴と木綿を愛する人々との出会いを織り重ねて綴り、優れた文化遺産としての木綿衣料を紹介しつつ、リサイクル文化としての木綿再生のみちを模索する。四六判２６６頁 '09

148 紫（むらさき） 竹内淳子

今や絶滅危惧種となった紫草（ムラサキ）を育てる人びと、伝統の紫根染を今に伝える人びとを全国にたずね、貝紫染の始原を求めて吉野ヶ里におよぶ「むらさき紀行」。四六判３２４頁 '09

149-Ⅰ 杉Ⅰ 有岡利幸

その生態、天然分布の状況から各地における栽培・育種、利用にいたる歩みを弥生時代から今日までの人間の営みの中で捉えなおし、わが国林業史を展望しつつ描き出す。四六判２８２頁 '10

149-Ⅱ 杉Ⅱ 有岡利幸

古来神の降臨する木として崇められるとともに生活のさまざまな場面で活用され、絵画や詩歌に描かれてきた杉の文化をたどり、さらに「スギ花粉症」の原因を追究する。四六判２７８頁 '10

150 井戸 秋田裕毅（大橋信弥編）

弥生中期になぜ井戸は突然出現するのか。飲料水など生活用水ではなく、祭祀用の聖なる水を得るためだったのではないか。目的や構造の変遷、宗教との関わりをたどる。四六判２６０頁 '10

151 楠（くすのき） 矢野憲一／矢野高陽

語源と字源、分布と繁殖、文学や美術における楠から医薬品としての利用、キューピー人形や樟脳の船まで、楠と人間の関わりの歴史を辿りつつ自然保護の問題に及ぶ。四六判３３４頁 '10

152 温室 平野恵

温室は明治時代に欧米から輸入された印象があるが、じつは江戸時代半ばから「むろ」という名の保温設備があった。絵巻や小説、遺跡などより浮かび上がる歴史。四六判３１０頁 '10

153 **檜**（ひのき） 有岡利幸

建築・木彫・木材工芸に最良の材としてわが国の〈木の文化〉に重要な役割を果たしてきた檜。その生態から保護・育成・生産・流通・加工までの変遷をたどる。 四六判３２０頁 '11

154 **落花生** 前田和美

南米原産の落花生が大航海時代にアフリカ経由で世界各地に伝播していく歴史をたどるとともに、日本で栽培を始めた先覚者や食文化との関わりを紹介する。 四六判３１２頁 '11

155 **イルカ**（海豚） 田辺悟

神話・伝説の中のイルカ、イルカをめぐる信仰から、漁撈伝承、食文化の伝統と保護運動の対立までを幅広くとりあげ、ヒトと動物との関係はいかにあるべきかを問う。 四六判３３０頁 '11

156 **輿**（こし） 櫻井芳昭

古代から明治初期まで、千二百年以上にわたって用いられてきた輿の種類と変遷を探り、天皇の行幸や斎王群行、姫君たちの輿入れにおける使用の実態を明らかにする。 四六判２５２頁 '11

157 **桃** 有岡利幸

魔除けや若返りの呪力をもつ果実として神話や昔話に語り継がれ、近年古代遺跡から大量出土して祭祀との関連が注目される桃。日本人との多彩な関わりを考察する。 四六判３２８頁 '12

158 **鮪**（まぐろ）

古文献に描かれ記されたマグロを紹介し、漁法・漁具から運搬と流通・消費、漁民たちの暮らしと民俗・信仰までを探りつつ、マグロをめぐる食文化の未来にもおよぶ。 四六判３５０頁 '12